KB054208

거꾸로 교육법

사교육 없이 아빠가 아들딸을 특목고·영재원 보낸

거꾸로 교육법

김형섭 지음

Denstory

냉장고보다
못한 아빠

—

아빠들은 바쁘다. 매일 일에 쫓겨 밤늦게 집에 들어오고, 주말에는 피곤한 몸을 이기지 못해 잠만 잔다. 그러는 사이 아이들은 훌쩍 자란다.

　얼마 전, 한 초등학생이 쓴 동시가 인터넷상에서 화제가 된 적이 있다.

　엄마가 있어 좋다. 나를 이해해주어서 / 냉장고가 있어 좋다. 나에게 먹을 것을 주어서 / 강아지가 있어 좋다. 나랑 놀아주어서 / 아빠는 왜 있는지 모르겠다.

　요즘 아빠는 강아지, 냉장고만도 못한 존재가 돼버렸다.

나는 그런 아빠로 살기 싫었다. 일도 좋고, 출세도 좋지만, 그보다 더 소중한 것이 있다고 생각했다. 바로 가족들과 보내는 일상의 소소한 시간들이다.

나에게는 고등학생 딸과 초등학생 아들이 있다. 우리 아이들이 사교육 없이 경시대회에서 입상하고 영재원과 특목고에 합격했다고 하면, "비법이 무엇이냐"고 조언을 구하는 사람들이 있다.

나는 사실 남에게 조언을 해줄 만한 위인이 못 된다. 교육학 관련 전문 지식이 있는 것도 아니고, 그렇다고 다른 열성적인 학부모들처럼 자식 교육에 올인을 한 사람도 아니다. 그저 평범한 직장에서 내 일을 묵묵히 해내고 있는 보통 가정의 보통 아빠다.

다만 내가 자랑스럽게 말할 수 있는 것은 우리 아이들을 외주업체(학원 같은)에 돈만 주고 맡기는 아웃소싱을 하지 않았다는 것이다. 오로지 내 시간과 노력을 들여 아이의 성장 과정을 함께했다. 영재원과 특목고 합격 같은 것은 그 과정에서 얻어진 부산물일 뿐이다.

아이들을 직접 가르쳤다고 하면 다들 나의 학벌이 좋을 거라고 짐작한다. 그러나 나는 지방대 출신이다. 퇴근을 일찍 하는 여유 있는 직장이겠지, 라고도 한다. 나도 종종 야근을 하고, 승진에 목을 매는 평범한 직장인일 뿐이다. 신혼 초기 5년간은 비정규직의 불안함을 견뎌야 했다.

내가 아이들을 학원에 보내지 않은 것은 다음과 같은 이유 때문이다. 첫째, 돈이 모자라서다(주택 대출을 갚느라 월급의 반을 써야 한다). 그러나 아무리 돈이 부족해도 효과가 좋다면야 무엇이 아까우랴. 하지만 나는 그 효과에 회의적이었다. 무엇보다 학원의 '협박 마케팅'이 마음에 들지 않았다. 학원에 보내지 않으면 공부를 잘할 수 없다면서 부모의 불안한 마음을 이용하는 것이다.

나는 아이들을 학원에 보내는 대신 아이들과 함께 부대꼈다. 공부를 가르쳤다기보다는 '아빠가 얼마나 못 푸는지' 끙끙대는 모습을 보여줬다. 그래서 '아이가 푸는 이 문제가 얼마나 어려운 문제인지'를 공감해줬다. 나도 아이들도 처음인지라, 우왕좌왕 좌충우돌했다. 실패한 도전도 있었고, 성공한 도전도 있었다. 그러면서 나만의 비법 아닌 비법도 알아냈다. 특히 수학 문제집 해답지부터 보기, 7·7·7 학습법, 인센티브 원칙, 칭찬노트 같은 것은 꼭 한번 시도해보라고 권하고 싶다.

그런데 내가 아이들과 이렇게 열심히 공부한 기간은 딸이 중학교에 입학하고 나서부터니까 딱 3년이다. 아이들을 키우는 15년 동안 딱 3년만 '빡세게' 공부를 시켰으니까 정확히 5분의 1만 공부를 시킨 셈이다. 초등학교 때까지는 마음껏 뛰어놀며 체력과 사고력(독서를 통한)을 기르게 했고, 공부를 해야 할 때가 되었을 때는 마치 100미터 경주를 치르듯 단시간에 해치워버리게 했다.

공부가 좋은 사람은 아무도 없다(아주 특이한 극소수를 제외하고). 존재하지도 않는 공부 습관을 잡기 위해 아이들을 쥐 잡듯 잡거나, 마라톤 경기에서 전력을 다해 뛰라고 아이들의 등을 떠미는 게 과연 옳은 일일까. 학원 수업을 뺑뺑이 돌듯 돌다가 유화제 범벅의 편의점 도시락을 먹으면서 이룬 성공이 무슨 의미가 있을까.

우리는 행복해지기 위해 공부를 해야 한다고 아이들에게 가르치고 있다. 하지만 지금 행복하지 않으면 아이들은 공부를 잘할 수 없다. 나는 내 유년 시절을 통해 그걸 깨달았다. 내 부모는 자식들 잘되라고 매일 우리를 다그쳤지만, 하루가 멀다 하고 부부싸움을 하는 부모 밑에서 우리 형제들은 공부를 잘할 수 없었다. 행복은 성적순이 아니지만 성적은 행복순이다.

바꿔 말해 지금 이 순간의 행복이 미래의 행복을 보장한다고 할 수 있다. 미래의 행복을 위해 지금의 불행을 정당화하지 않았으면 좋겠다. 아빠들만 워라밸을 외치지 말고 아이들도 스라밸(공부와 일상의 균형)을 하게 하면 온 가족이 균형 잡힌 행복한 삶을 살 수 있지 않을까.

보잘것없지만 내가 직접 체험하고 터득한 교육법을 이 책에 담았다. 책을 내면서 나만의 교육법에 이름을 붙여보려고 했다. 문득 한 광고의 카피가 떠올랐다. '모두들 Yes라고 할 때 No라고 말할 수 있는 용기!'

그렇다. 학원가의 협박 마케팅과 거짓말을 간파하고, 부모들이 흔히 빠지기 쉬운 불안과 두려움의 함정을 벗어나, 나만의 소신으로 자녀를 키운 방법을 '거꾸로 교육법'이라고 명명해보았다.

자녀를 사랑하고 누구보다 잘 키우고 싶지만 어디서부터 어떻게 시작해야 할지 잘 모르겠다면, 이 책이 조금이나마 도움이 되었으면 좋겠다. 자, 그럼 이제 시작해보겠다.

3부 내 아이 공부하기

4부
영재가 별거야?

5부
너도 할 수 있어! 우등생

6부
특목고에 도전해보자!

번외 편
아빠는 아무것도 몰라

1부

성적은
행복순이잖아요

행복은
성적순이
아니지만,

성적은
행복순입니다.

"
내 인생의
그랜드슬램
"

흔히 그랜드슬램이라고 하면, 야구에서 만루 홈런을 치거나 테니스에서 4대 메이저 대회를 모조리 휩쓰는 경우를 말한다. 우리들 인생사에서 그랜드슬램을 꼽는다면, ①번듯한 직장 ②사랑하는 사람과의 결혼 ③내 집 마련 ④공부 잘하는 자녀가 아닐까 싶다.

대학원 시절 나는 유학을 꿈꾸며 남들은 첫 번째로 갖는 우승컵(직장)을 건너뛴 채, 두 번째 우승컵(결혼)을 먼저 안게 되었다. 결혼식 전날, 직업이 없는 상태에서 결혼하는 자식이 걱정이었는지 아버지가 말했다.

"아들아, 돈이 궁하면 사랑도 사라지는 법이다. 새 식구 고생시키지 말고 꼭 잘살아야 한다."

이 말을 듣는 순간, 매일같이 가난과 싸우는 내 부모도 한때는 사랑하는 사이였다는 사실을 새삼 깨달았다. 그리고 니는 그들처럼 가난으로부터 내 사랑을 빼앗기지 않으리라 다짐했다.

하지만 나는 결국 유학의 꿈을 이루지 못했고, 5년간 비정규직 생활을 하면서 가난한 현실, 불안한 미래와 싸워야 했다. 반복되는 가난과 꼬이기만 하는 미래가 불안해질 때마다 나는 아내 마음속에 자리 잡고 있는 나에 대한 사랑이 걱정됐다. 그래서 나는 연애할 때보다 더 많이 아내에게 노력했다.

내 나이 서른다섯 살, 늦깎이 연구직 공무원이 되면서 두 번째 우승 트로피를 들었다. 두 번째 트로피를 잡으니 세 번째 트로피는 저절로 따라왔다. 결혼 10년 차에 집값의 절반을 대출받아 내 집을 마련한 것이다.

하지만 언제나 그렇듯 맨 마지막 우승컵을 차지하기가 만만치 않았다. 제아무리 노력해도 쉽게 얻어지지 않는 자식 교육이라는 최악의 난코스가 남아 있었다. 오죽했으면 자식 키우는 것을 농사에 비유했을까. 내 뜻과는 달리 날이 가물면 말라 죽고 태풍이 오면 쓸려나가는 농사일처럼, 내 아이를 훌륭한 사람으로 길러내는 것은 정녕 하늘의 뜻일지도 모르겠다.

그럼에도 불구하고, 나는 영어학원 한 번 안 다닌 딸을 영어영재원과 인천국제고에 합격시켰고, 수학학원 한 번 안 다닌 아들을 수학경시대회에 입상시키고 과학영재원에 합격시켰다. 나는 아이들에게 영재수학, 고등수학, 토플과 텝스를 직접 가르치며 공부시켰다. 하지만 한 번도 아이들에게 강압적으로 공부를 시켜본 적은 없다. 그래서인지 한창 사춘기인 딸은 아직 아빠를 무척 좋아하며, 초등학생인 아들은 나를 매우 많이 존경한다.

내가 행복하게 아이들을 가르칠 수 있었던 것은, 아이들을 알아가려고 늘 노력했고, 내가 누구인지 보여주려고 늘 노력했으며, 가르치겠다는 마음보다는 함께 배우려고 늘 노력했기 때문이다.

"

우리 아이들을
소개합니다

—

"

우리 아이들을 소개하려니 왠지 자화자찬하는 것 같아 낯이 부끄럽다. 아마도 겸손을 미덕으로 삼는 동양적 사상에 길들여져 있기 때문일 것이다. 어쩌면 자식을 나의 소유물로 여기는 잠재의식이 작동하기 때문인지도 모른다.

미국에서 오랫동안 유학 생활을 한 처남이 해준 이야기가 생각난다. 처남은 그곳에서 지도교수 집에 자주 초대되어 저녁을 먹곤 했는데, 그때마다 지도교수는 자기 자식이 스마트하다며 칭찬을 아끼지 않았다고 한다. 자식을 부모의 소유물인 것처럼 욕심내거나 맹목적으로 믿는 것도 문제지만, 아이의 능력을 낮춰 보거나 별것 아닌 것으로 치부해버리는 것도 문제다. 내 아이가 스마트하다고, 영재라고 믿어줘야 진짜 내 아이가 스마트해

지고 영재가 될 수 있다. 말이 씨가 된다는 허무맹랑한 믿음에서
가 아니라, 부모가 내 아이의 영재성을 끊임없이 발굴해나가기
위한 행위의 당위성과 원동력을 마련하기 위해서다.

그럼 이제 우리 두 아이를 자신 있게 소개하겠다. 첫째인 딸은
인천광역시 영어영재교육원 중등 과정을 영어유치원이나 학원,
과외, 어학연수, 전화학습과 같은 그 어떠한 외부 도움 없이 혼자
만의 힘으로 들어갔다. 영어권 나라로 여행을 가본 적도 없다. 기
껏 해봐야 중국에 한 번 가본 게 해외여행의 전부다.

당시 영재원 엄마들 사이에서는 "영어유치원도 안 나온 애가
들어왔어?"라며 신기하다는 반응이 많았다고 한다. 딸은 영어영
재원에 입학해 외국인 선생님들과 영어토론식 수업을 하며 급속
도로 성장했고, 그 덕분이었는지 인천국제고등학교에 무난하게
입학할 수 있었다.

둘째인 아들은 수학학원 한 번 다니지 않고 성균관대학교 수학
경시대회에서 네 번이나 입상했고, 경인교육대학교 서구과학영
재교육원 초등심화와 사사 과정을 거쳐 중등심화반에 합격했다.

물론 영재원에 대한 정보를 전혀 접해보지 못했던 시절에 아
무런 준비도 없이 인천대학교 과학영재교육원 초등심화 과정에
지원했다가 보기 좋게 떨어진 적도 있었다. 나는 그 일을 계기로
뒤늦게나마 영재교육 시장의 실체를 보게 되었고, 내가 그 안으

로 들어가지 않으면 전혀 승산이 없다는 사실 또한 알게 되었다. 그래서 정보를 찾다가 또 다른 영재원이 선발을 준비하고 있다는 걸 알게 되었고, 부랴부랴 학원에 등록해 한 달간의 문제 풀이 특강과 한 달간의 면접 특강을 거쳐 경인교대 과학영재교육원 초등심화 과정에 최종 합격하게 되었다.

어쩌면 우리 아이들은 특별히 대단한 것도 없고 주위를 둘러보면 어렵지 않게 찾아볼 수 있는 아이들일지 모른다. 하지만 많은 부모들이 바라고 있는 것 또한 내 아이가 매스컴을 탈 만큼 특별하기보다는, 남들에게 무시당하지 않을 만큼만 무탈하게 자라주는 게 아닐까? 친구들과 사이좋게 학교 잘 다니고, 스스로 열심히 공부하며, 무난한 대학에 들어가는 정도 말이다. 상상조차 하기 어려운 영웅담이나 꿈같은 이야기가 아닌, 평범한 나와 평범한 내 아이가 만들어낼 수 있는 정도의 일. 그곳을 향해 나아가고자 한다면 냉소적 비난을 걷어내고 여기까지 오게 된 우리 가족의 이야기를 끝까지 들어줬으면 좋겠다.

"
다들
행복하십니까?
"

대한민국 아빠들은 바쁘다. 그것도 아주 많이. 내가 포기하고 무너지면 안 된다는 심정으로 오늘도 어떻게든 버텨내고 있다. 하지만 이런 아빠들의 마음을 알아주는 사람은 별로 없다.

나는 워라밸이라는 용어가 생기기 훨씬 전부터 워라밸 아빠였다. 흔히들 워라밸은 공무원 같은 안정된 직장에서만 가능하다고 생각한다. 환경부의 연구직 공무원으로 일하고 있지만, 내가 공무원이라서 워라밸을 하는 것은 아니다. 내 나이 서른다섯 살에 비로소 공무원이 되었고, 공무원이 되기 전까지 오랫동안 여기저기서 고달픈 비정규직 생활을 해야 했다.

그 시절 나는 매일 야근을 했다. 어쩌다 집에 일찍 오는 날이면 딸아이와 아내는 길목 공원 놀이터까지 마중 나와 나를 반겨

주곤 했다. 놀이터 모래는 딸아이의 훌륭한 장난감이었다. 장난감 트럭으로 모래를 이리저리 실어 나르고, 성도 만들었다. 그렇게 해 질 때까지 놀다가 딸아이를 목에 태우고 집으로 돌아오는 길은 비록 고단했지만 행복했다.

나는 집에 와서도 최선을 다해 딸과 놀아줬다. 장난감이 없으니 냄비 뚜껑과 젓가락으로 놀았고, 하도 읽어 너덜너덜해진 동화책을 목소리를 바꿔가며 읽어줬다. 내가 당시 딸에게 해줄 수 있는 건 그것뿐이었다. 그냥 미안한 마음에서였다. 미안해서 최선을 다했다. 매일 그렇게 최선을 다하다 보니 습관이 되었고, 그러다 보니 재미가 들었다. 재미있게 하나 보니 그 재미가 나를 버틸 수 있게 해줬고, 의지가 되었다. 그리고 그 의지로 정규직이 되었고, 그때 몸에 밴 습관은 아직까지 남아 있다.

나는 지금도 매일 아침 아내와 현관 앞에서 입맞춤을 하며 출근하고, 퇴근 무렵이면 아이들로부터 빨리 집에 오라는 전화를 받곤 한다. 아내는 내게 갓 지은 밥을 해 먹이려고 도착 시간에 맞춰 밥 불을 켠다. 학원에 다니지 않는 두 아이와 즐거운 저녁 식사를 늘 함께한다. 식사 때마다 이야기가 끊이지 않고, 때론 웃고 즐기며, 때론 진지한 토론을 한다. 식사를 마치면 온 가족이 모여 보드게임을 하거나 다큐멘터리를 보고, 비디오게임을 즐긴다. 그러다 정해진 시간이 되면 모두들 서재에 모여 공부를 한다.

온 가족이 영어 강의를 듣거나, 서재 벽에 걸려 있는 화이트보드에 수학 문제를 풀기도 한다.

공무원이 시간적으로 여유로운 것은 부인할 수 없지만, 워라밸은 시간의 여유만으로 이뤄낼 수 없다. 진정한 워라밸은 시간뿐 아니라 관심과 열정, 삶의 목적과 지향점까지도 균형을 잡아야 실현 가능하다. 이런 것들만 있다면 시간은 아주 조금만 있어도 된다.

대한민국의 아빠들은 지금 행복한 삶을 살고 있는가? 행복한 삶을 살고 싶다면 행복한 자녀 교육이 먼저이다.

"
직장과 가까운 곳에
집을
—
"

맹자의 어머니는 자식 교육을 위해 세 번 이사했다고 한다. 어쩌면 이 가르침을 가장 잘 실천하는 나라가 한국이 아닐까 싶다. 교육 환경 좋은 곳으로 이사하려고 허리띠를 졸라매고 빚을 내면서까지 억척스럽게 자식 교육에 올인하고 있다.

하지만 정말 이렇게까지 해야 하는 걸까. 나는 '아이들이 공부하기 좋은 환경'은 '집 밖'에 있는 게 아니라 '집 안'에 있다고 생각한다. 그래서 집을 얻을 때마다 직장과의 거리를 가장 중요시했다.

나는 지금도 퇴근 후 20~30분이면 집에 도착해 아이들과 늦지 않은 저녁을 먹는다. 부모가 행복해야 아이들도 행복할 수 있다. 부모가 불행한데 아이들만 행복하다면 이는 아이들이 부모에게 '기생'하는 것이요, 부모도 행복하고 아이들도 행복하다면 그것은 '공생'하는 것이다. 부모와 아이들 모두 행복한 가족이라야 건강한 가족이라 할 수 있다.

인천 서구에 위치한 내 직장에는 셔틀버스가 있어선지 강남에 사는 사람들도 있고, 평촌, 목동, 일산 등지에서 출퇴근하는 사람들도 많다. 학력 수준이 높은 덕분인지 자녀를 민사고나 상산고, 영재학교에 입학시킨 사람들이 많다. 하지만 그들도 공무원의 박봉은 피할 수 없는지라 자식 교육을 위해서 대부분 20년이 지난 좁디좁은 낡은 아파트에서 전세를 살거나, 비싼 학원비를 마련하기 위해 맞벌이를 한다. 강남이나 평촌에 사는 사람들은 셔틀버스를 타고 퇴근하면 밤 9시가 넘어야 집에 도착하는 경우가 다반사고, 다음 날 다시 출근버스를 타기 위해 새벽 5시에 일어나는 고된 삶을 반복하고 있다. 운 좋게 집이라도 장만한 사람들은 대출금을 갚을 엄두도 못 내고, 마이너스 통장으로 학원비를 감당하는 경우도 많다.

나도 은행 대출을 끼고 집을 장만했다. 하지만 매달 갚아야 하는 원리금 이외에 추가로 매월 100만 원가량의 원금을 갚아나가고 있다. 별도의 학원비가 들지 않기 때문에 가능한 여유다. 아이들은 학원에 가지 않아서 억지로 공부를 안 해도 되니 좋고, 나는 대출금을 갚고 여유로운 삶을 즐길 수 있어서 더 좋다.

우리 가족이 사는 동네는 목동이나 평촌처럼 학군 좋은 곳에 비해 집값이 반절도 안 되지만, 쾌적한 환경만은 결코 뒤처지지 않는다. 걸어서 5분 거리에 복지회관(도서관 포함)이 있어 아이들은 도서관을 제집 드나들듯 하고, 아내는 저렴한 비용으로 영어 회화 수업을 듣고 스포츠센터를 이용한다. 지하철역도 가깝다.

교육 여건도 매우 만족하고 있다(학원을 보내지 않으니, 사교육 여건은 알 수 없음). 인천 중심지보다 상대적으로 낙후 지역으로 취급받는 서구 지역에는 젊은 선생님들이 많은 편이다. 학교는 생기가 넘치고 선생님들의 생활기록부 관리 능력은 타 인천 지역보다 한 수 위인 것 같다. 그래서인지 인천 서구 중학교의 특목고 진학률이 인천의 다른 구보다 높은 편이다. 첫째가 나온 중학교도 매년 20여 명을 특목고(자사고·예고)에 합격시키고 있다.

인천 지역의 고등학교 인프라도 잘 마련되어 있다. 인천과학예술영재학교에서부터 인천과학고, 진산과학고, 인천국제고, 미추홀외고, 인천외고와 자사고인 하늘고, 포스코고가 있다. 첫째가 다니는 인천국제고는 국공립 특목고로, 학비가 일반 고교와 같은 수준이다. 그런데도 2017년에는 재학생의 50퍼센트 가까이가 SKY 대학에 합격했고, 2018학년도 수능 1·2등급 비율이 전국 3위에 랭크되기도 했다.

나는 결혼한 이래 지금까지 일곱 번 이사 다녔다. 그때마다 아내는 항상 내 직장과 가까운 곳에 집을 얻었다. 아내가 내 얼굴을 1초라도 빨리 보고 싶었는지 몰라도, 직장과 집 간의 거리는 아내가 집을 고르는 첫째 조건이었다. 다른 사람들이 꽉 막힌 도로에 갇혀 앞차 브레이크 등만 쳐다보고 있을 때쯤 나는 예쁜 아내와 즐거운 식사를 마치고 귀여운 아이들과 놀아주고, 함께 게임도 하고 때론 같이 숙제도 하고 공부도 하면서 주중을 주말처럼 보낸다.

"

성적은
행복순이잖아요

—

"

나는 불행한 유년기를 보냈다. 어린 나이에도 불구하고 행복 따위는 내 것이 아니라는 것 정도는 쉽게 알아차릴 수 있었다. 공부는 팔자 좋은 아이들이나 하는 것이라고 생각했다.

내 기억이 시작되는 곳, 우리 네 식구의 모습은 이렇다. 새카맣게 그을린 얼굴에 늘 화가 나 있는 표정으로 누나와 나를 혼내던 어머니. 채소 장사를 하는 엄마를 대신해 동생들 밥과 빨래를 해주던 누나. 시장통 배추 쓰레기 더미에서 천진난만하게 놀고 있던 어린 여동생.

아버지는 내가 다섯 살 때 집을 나가버린 탓에 내 기억이 시작되는 곳에는 있지 않다. 아버지에 대한 기억이라곤 어렴풋이 내 고기반찬을 뺏어 먹으며 장난을 치던 얄미운 모습이 전부다.

형에 대한 기억도 그곳에는 있지 않다. 형은 가정 형편 때문에 아주 어릴 적부터 할머니 댁에 맡겨졌는데, 아버지의 가출로 인해 친가 쪽과 연락이 끊기는 바람에 나는 형의 존재조차 알지 못하고 살았다.

형에 대한 기억은 초등학교 4학년 때부터 시작된다. 이제 고등학생이 되는 형을 더 이상은 키워줄 수 없다는 할머니의 연락을 받고 나서부터다. 큰아들을 데리러 몇 년 만에 시댁에 가는 어머니를 따라나섰다가 나는 할머니와 할아버지 얼굴을 그때 처음 봤다. 왜소하고 핏기 없는 얼굴을 하고 방구석에 쭈그리고 앉아 나와 어머니를 경계하는 눈초리로 바라보던 형의 얼굴도 그때 처음 봤다.

내 머릿속 아버지의 모습은 초등학교 6학년이 돼서야 시작된다. 아버지가 집에 돌아온다는 소식에, 나는 학교가 끝나기 무섭게 한걸음에 달려가 단칸방 문을 힘차게 열었다. 아버지의 첫 모습이 내 눈에 들어왔다. 아버지는 어머니의 무릎을 베고 있었는지 옆으로 누워 있는 자세로 8년 만에 훌쩍 자란 둘째 아들의 모습을 보고 있었고, 어머니는 정말 오랜만에 보는 포근한 얼굴을 하고 있었다. 아버지와 두 눈이 마주친 순간, 그동안 당신 때문에 고생하며 살아온 게 너무나도 화가 났지만, 이제 곧 그 보상을 받으리라 생각하니 너무나도 기뻤다. 그래서 나는 처음으로 "아빠"를 힘차게 외쳤다.

하지만 보상 같은 것은 결국 내게 쥐어지지 않았다. 그 후로도 어머니는 계속 채소 장사를 해야 했고, 작은 편직 기술자였던 아버지는 계속 서울에 살면서 일주일에 한 번씩 집을 찾아왔다. 그리고 부모님은 일주일에 한 번씩 꼬박꼬박 부부싸움을 했다. 서울에 다 같이 올라가자는 아버지와 전주에서 계속 살겠다는 어머니의 힘겨루기는 그렇게 몇 년이나 지속됐다. 집안 형편은 전혀 나아지지 않았다. 옆에서 허구한 날 싸워대는 부모를 지켜보는 것보다, 차라리 어머니한테 두들겨 맞았을 때가 더 행복했었다는 생각마저 들었다.

그렇게 모든 식구들이 멍이 들어가고 있는 사이에 형은 고등학생이 되었다. 중학교 때까지만 해도 수재 소리를 듣던 형은 바닥을 긁고 있었다. 부모가 이렇게 처절하리만큼 싸워대는데, 공부를 어떻게 잘할 수 있겠는가. 형은 부부싸움을 할 때마다 집을 뛰쳐나갔고, 나는 형을 찾아오라는 아버지의 명령을 받고 동네 오락실과 만화방을 뒤지고 다녔다. 형이 만화방에 있다는 걸 알았지만, 나는 늘 오락실부터 뒤지고 다녔다. 형이 순순히 따라오지 않을 걸 알고 있었기 때문이다.

그렇게 오락실에서 시간 때우기를 반복하다가 나는 결국 오락에 빠져버렸다. 만화방에서 형이 나오기를 기다리면서 자연스레 만화책에도 손을 댔다. 형이 무협지에 한창 심취해 있을 때, 나는 옆에서 일본 성인만화에 흠뻑 빠져 있었다.

하지만 아무도 이런 나를 신경 써주지 않았다. 장남인 형, 맏딸인 누나, 막내인 동생에 비해 나는 존재감이 없었다. 나는 그저 있으나 마나 한 둘째 아들일 뿐이었다. 공부를 못하는 건 형이나 나나 마찬가지였지만, 아버지는 늘 장남인 형만 챙겼다. 쥐들이 득실대는 단칸방에 살면서도 EBS 강의를 깨끗한 영상으로 멈춰 보라고 당시 100만 원이 넘는 포 헤드(four head) VTR를 들여놓기도 했다. 하지만 형은 그 좋은 VTR로 「영웅본색」 같은 비디오만 빌려 볼 뿐이었고, 결국 재수를 해야 했다. 그리고 이듬해에 전문대를 간신히 들어갔다. 누나도 재수를 했다. 그리고 또 같은 전문대를 들어갔다.

그 둘은 머리가 나빠서라기보다는 죽도록 미운 아버지에 대한 복수심에 불타 자기 인생을 망가뜨리고 있는 것처럼 보였다. 자식들과의 기 싸움에서 철저히 패배한 아버지는 나를 부둥켜안으며 목놓아 울었고, 다시는 자식들에게 공부를 강요하지 않겠다고 맹세했다. 이제야 내 차례가 됐건만, 아버지는 전혀 나에게 신경을 쓰지 않았다.

둘째 아들의 설움 같은 것은 없었다. 그저 형, 누나처럼은 안 돼야겠다는 생각뿐이었다. 그래서 나도 공부라는 것을 시작했다. 그때가 중3에 막 올라갔을 때였다. 인문계 고교에 못 갈 정도의 형편없는 성적이었지만, 나는 열심히 공부해서 턱걸이로 인문계 고교에 합격했다. 그리고 혼자만의 힘으로 아버지가 그토록 보내려고 했던 4년제 국립대학교에 들어갔다. 수도권에 있는 대학도 합격했지만, 그때까지도 두 칸짜리 월세방을 못 벗어난 집안 형편 때문에 내가 선택할 수 있는 선택지는 오직 그것뿐이었다. 수능 성적이 예상보다 안 나와 재수를 하고도 싶었지만, 아무리 생각해봐도 형과 누나에 이어 나까지 재수를 할 수는 없는 노릇이었다.

내 유년 시절을 돌이켜보면, 행복은 성적순이 아닐지도 모르지만, 성적이 행복순인 것만은 틀림없는 사실인 것 같다.

그래서 아이들 앞에서 부모는 절대 큰 소리로 싸워서는 안 된다. 어린아이들에게 부모는 슈퍼맨, 원더우먼 같은 존재다. 부부간의 사소한 말다툼이라도 아이들 입장에서는 마치 두 명의 히어로가 세기의 대결을 벌이고 있는 것처럼 보일 수 있다. 아빠의 고함 소리 하나로 건물이 무너지고 땅이 갈라지는 무서움을 느낄 수 있다. 엄마의 울음과 절규는 어쩌면 아빠를 괴물로 여기기에 충분할지 모른다. 부모의 싸움이 계속될수록 아이는 아빠가 엄마를 대하듯 엄마를 업신여기고, 엄마가 아빠를 대하듯 아빠를 싫어하게 될 수도 있다.

부부가 서로 미워하는 환경에서는 아이들이 공부를 제대로 해나갈 수 없다. 가족 구성원 모두가 즐겁고 행복해야 공부도 잘 된다. 무엇보다 아이의 마음이 평온하고 맑아야만 공부가 잘되 는 법이다.

부모가 쏟아붓는 노력에 비해 아이가 잘 따라와 주지 않는다 면, 이는 부모의 바람이 너무 과도하거나 아니면 아이가 부모를 미워하는 경우가 많다. 엉켜 있는 실타래를 풀 때도 의외의 곳에 서 실마리가 풀리듯, 아이와의 관계가 꼬여 있다면 혹시 아이들 앞에서 자주 부부싸움을 하지는 않았는지, 아니면 아이를 너무 닦달하고 있지는 않은지 뒤돌아보면 좋겠다. 부모가 자식을 사 랑해서 공부를 시키듯, 자식 또한 부모를 사랑하기 때문에 참고 공부하는 거다.

담배와
바꾼 딸

나는 담배를 피우지 않는다. 정확히 말하면 아내가 딸아이를 임신했을 때 끊었다. 대학 시절, 공사판 아르바이트를 하며 조금이라도 더 쉬어볼 요량으로 담배 피우는 시늉을 하다가 시작한 담배를 10년 넘게 피우다 끊었다. 속 모르는 사람들은 아이를 위해 담배를 끊은 대단한 사람인 줄 알겠지만, 사실 배 속의 아이를 '위해서(for)'가 아니라 배 속의 아이 '때문에(because)' 끊게 되었다.

나는 월드컵 열기가 뜨겁던 2002년에 결혼했다. 당시 내 나이 스물여덟 살, 아내는 스물여섯 살이었다. 그때 나는 지방대에서 외국 유학을 준비 중이었고, 아내와 함께 유학을 가기 위해서 결혼을 서둘렀다. 하지만 세상일이 언제나 내 뜻대로 되는 건 아니었다. 도쿄대 출신인 지도교수님의 추천장을 기대하며 도쿄대 진학을 꿈꿨지만, 나의 노력이 부족했던 것인지 아니면 나의 능력이 부족했던 것인지 그 추천장은 결국 나에게 돌아오지 않았다.

험난한 유학길을 각오하고 있던 아내에게 나는 유학보다 더 가혹한 '유학 준비'의 길을 걷게 해야 했다. 일본 대신 미국으로 급선회한 나는 단돈 3000만 원을 들고 서울로 올라왔다. 아내는 학원 강사로 일을 했고, 나는 아내가 벌어다 준 돈으로 영어학원을 다니기 시작했다. 보증금 3000만 원짜리 월세방에 아내와 나, 형 그리고 사촌 동생까지 함께 살았다. 아내의 월급만으로는 생활비를 감당할 수 없었기에, 직장을 다니던 형과 사촌 동생이 함께 살면서 월세를 대신 내줬다.

힘들게 하루하루를 버티던 어느 날, 아내가 임신 소식을 전해 왔다. 계획보다 조금 빨라지는 것뿐이지, 라고 생각할 수도 있었지만, 미국 땅에서 낳은 아이를 미국에서 키우는 것과 한국에서 낳은 아이를 미국에서 키우는 것은 하늘과 땅만큼 차이가 컸다. 한국 국적의 아이는 미국 정부의 아무런 지원을 받을 수 없고 보험 혜택도 전혀 받지 못하기 때문이다.

나는 어쩔 수 없이 유학 준비를 중단하고 임시직이라도 얻어야 할 판이었다. 낙태(당시에는 불법이 아니었다)를 생각해보지 않았던 건 아니지만, 깊은 수렁에 아내를 몰아넣을 수는 없었다. 무엇보다 배 속의 아이를 버리면 나는 과연 성공할 수 있을까, 라는 고민이 끊임없이 들었다.

나는 줄담배를 피워대기 시작했다. 그러기를 며칠, 갑자기 헛구역질이 몰려오기 시작했다. 내가 처한 상황이 도저히 감당이 안 됐던 건지, 아니면 줄담배가 내 몸을 망가뜨렸는지 담배 냄새가 역겹게 느껴지기 시작했고, 자꾸만 토할 것 같았다. 그래서 나는 담배를 끊었다. 아니 저절로 끊어졌다는 표현이 차라리 맞겠다.

지금도 난 담배 냄새를 맡으면 그때 기억이 떠오른다. 그래서 여전히 담배 냄새가 역겹다. 자위를 해보자면, 비록 나는 유학은 못 갔지만 대신 건강을 챙길 수 있어서 차라리 잘됐다, 라는 생각이다.

나는 그때를 후회하지 않는다. 오히려 지금까지 살아오면서 내게 찾아온 가장 큰 행운은 바로 딸이라고 생각한다. 딸아이가 아니었으면 유학을 갔을지도 모른다. 화려한 귀국길이 펼쳐졌을지도 모르지만, 주변에 유학을 갔다 온 사람들을 보면 아직까지 정착을 못 한 사람도 있고, 별로 내키지 않는 직장에 어쩔 수 없이 다니고 있는 사람도 많다. 마흔을 훌쩍 넘겨 이제 막 아이를 낳았거나, 아기를 가지려 해도 잘 안 생기는 경우도 있다.

나는 고등학생 아빠다. 내 주변에는 교수가 된 사람도 있고, 나보다 먼저 취업해 승진이 빠른 사람도 많다. 하지만 제아무리 잘나가는 사람이라도 나를 따라잡지 못하는 게 하나 있다. 그것은 내가 고등학생 아빠라는 거다. 누구나 나이를 공평하게 먹으니 내가 지금까지 아이들을 키워놓은 세월만큼은 그들도 따라올 수 없다. 남들은 유치원 재롱잔치나 초등학교 체육대회를 따라다닐 때, 나는 머지않아 대학생 아빠가 될 거다. 내가 그동안 딸아이를 키워낸 세월이 자랑스럽고 뿌듯하다. 그래서 내 딸은 나에게 행운이다. 어려운 환경에서도 스스로 잘 자랐지만, 마치 내가 잘 키운 것 같아서 또 나에게 행운이다.

"

아내의
언어

"

아내는 배려심이 많은 사람이디. 아내를 처음 본 순간, 나는 그 배려심에 반했다. 우악스럽기만 한 내 어머니나 누나와는 사뭇 다른 모습 때문이었을까. 나는 아내를 무척이나 좋아했고, 수많은 경쟁자들을 물리치고 드디어 결혼까지 성공했다. 아내는 두 아이의 엄마가 된 지금도 변치 않는 배려심을 발휘하고 있다.

나는 아직 음식물 쓰레기를 버려본 적이 없다. 양복을 멋지게 차려입고 음식물 쓰레기를 들고 엘리베이터를 타는 사람들을 볼 때마다 나는 마음이 흡족하다. 아내는 "남자가 출근길부터 역겨운 음식물 쓰레기를 만져서야 어찌 바깥일을 제대로 하겠냐"며 자기가 직접 음식물 쓰레기를 버린다. 나는 그런 아내의 배려심에 감동받아 간, 쓸개라도 내놓고 싶은 마음이 든다. 사실 아내의 진심은 당신이 밖에서 돈을 벌고 있을 때 나도 집에서 집안일 열심히 하고 있다, 라는 뜻이라는 걸 잘 안다.

그렇다고 내가 아무런 일을 안 하는 건 아니다. 등을 갈고, 욕실을 고치고, 가구를 옮기고, 손쉬운 가전제품 수리를 하고, 도배를 하고, 페인트칠을 하고, 부엌일을 도와주고, 음식을 직접 만들기도 하고, 아이들과 신나게 놀아주고, 공부도 열심히 시켜주고 (더 없나? 더 있지만 이쯤으로 해두자), 내가 해줄 수 있는 건 다 해준다. 하지만 아내가 시켜서 일을 해본 적은 단 한 번도 없다.

독자들이 이 글을 읽고 오해는 하지 않았으면 좋겠다. 세상에 시키지도 않는 일을 척척 알아서 다 하는 남편이 세상에 몇이나 있겠는가? 이는 단지 배려심 가득한 아내의 화법에 속아 넘어가 나 스스로 아내를 도와주고 있다고 믿는 것뿐이다.

아내의 화법은 대충 이러하다. "자기야, 등이 좀 어둡다.", "자기야, 소파를 옮겨보면 집이 좀 넓어 보일까?", "자기야, 이게 왜 안 되지?", "자기야, 자기야, 자기야, 자기야……." 이제는 '자기'라는 말만 들어도 내가 이제 곧 무언가를 해야겠구나, 라는 감이 온다. 하지만 한 번도 기분 나빠본 적이 없다. 나는 아내의 이런 예쁜 말투가 좋다.

아내의 배려심 깊은 언어를 제대로 이해 못 해 큰 낭패를 본 적이 있는데, 첫째 아이를 낳았을 때의 이야기다.

학원 강사를 하고 있던 아내는 유산이 될지도 모른다는 의사 선생님 말에 일을 갑자기 그만두게 되었고, 나는 아내를 대신해 돈을 벌어야만 했다. 매일 아침 아내의 배웅을 받으며 출근을 하고, 퇴근길에 동네 시장에 들러 아내가 먹고 싶다는 자두, 복숭아, 족발 같은 것들을 사 들고 가는 길이면 불안했던 내 미래가 잠시 평온해지곤 했었다. 참 어려웠던 시절이었지만, 지금도 그때의 기억들이 많이 남아 있다.

임신 9개월이 되었을 때, 아내는 아이를 낳기 위해 친정이 있는 남원으로 내려갔다. 아이가 세상에 나오던 날 아침, 아내로부터 전화가 왔다. 목소리가 심상치 않았다. 아기가 곧 나올 것 같으니 빨리 오라는 말만 남기고 전화를 끊어버렸다. 뭔가 일이 급박하게 돌아가고 있는 듯했다.

나는 곧장 회사로 전화를 걸었다. 하지만 상사는 아이가 나오려면 아직 멀었다면서, 연가가 얼마 없으니 아이 얼굴을 조금이라도 더 보고 싶으면 우선 출근을 했다가 오후 느지막이 출발하는 게 어떻겠냐고 조언했다.

일이 손에 안 잡혔지만 곧 태어날 아이의 얼굴을 조금이라도 오래 보려면 오후 2시까지 버텨야 했다. 직장 동료들도 하나같이 애가 나오려면 아직 멀었다면서, 점심 내기 탁구나 치면서 긴장을 풀라고 내 손을 잡아끌었다.

한참 그렇게 탁구를 치고 있는데, 아내에게서 전화가 왔다. 아침의 급박하고 긴장된 목소리는 어디로 가고, 명랑하고 상쾌한 목소리였다. 아내는 내게 버스를 탔냐고 물었다. 나는 사실대로 탁구를 치고 있다고 말했고, 아내는 어이가 없다는 듯 웃음 섞인 목소리로 아이가 벌써 나왔다는 충격적인 말을 전했다. 결국 나는 아이가 태어나는 순간에 아내 곁에 있지 못했다. 영화에서 보던 감격적인 순간을 기대했건만, 나는 그 소중한 시간을 탁구공이나 쳐다보며 날려버린 것이다.

자초지종을 들어보니, 아내는 전날 밤부터 8시간 동안 혼자 끙끙 앓다가 동틀 무렵이 돼서야 혼자 조용히 샤워까지 마친 후, 곤히 주무시고 계시는 친정 엄마를 깨워 병원을 찾았다고 한다. 아내는 그 와중에도 아직 잠들어 있을 남편을 깨우기 싫어, 내 기상 시간에 맞춰 전화를 한 것이라고 했다. 그때는 이미 병원에 도착한 지 3~4시간이나 지난 뒤였고, 정말로 애가 막 나오기 시작할 무렵이었다고 한다.

이제 나는 아내의 언어를 대부분 해석할 줄 안다. "자기, 오늘 샤워기에 손을 베였어. → 애들 다치기 전에 빨리 바꿔놔.", "자기, 날씨가 갑자기 추워졌어. → 더 추워지기 전에 문풍지 바르고 창문에 온열시트 붙여놔.", "자기야, 오늘은 애들이 아빠가 해준 밥을 먹고 싶대. → 오늘은 당신이 밥해.", "애들 배고프대. → 빨리 서둘러."

내가 비정규직이었던 시절, 나는 아내의 배려심 덕분에 버틸 수 있었다. 내가 일찍 퇴근하는 날이면 아내는 언제나 저녁 준비를 다 해놓고, 버스 정류장 앞까지 딸과 함께 마중을 나왔다. 비정규직의 고단한 삶을 힘들게 헤쳐나가고 있는 나를 위로해주기 위해서였다. '교수 마누라를 시켜준답시고 데려와 놓곤 웬 고생이냐'고 투정을 부릴 법도 한데, 단 한 번도 나를 다그치지 않았다. 도리어 며칠 야근을 하고 나서 미안한 마음에 전화를 걸면 아내는 늘 이런 식이었다.

나   이번 주 내내 나 없이 집밥 먹었을 테니, 오늘은 외식하자.

아내   아니야. 당신은 일주일 내내 식당 밥 먹었으니까, 오늘은 내가
맛있는 집밥 해줄게.

"

우리 아이들은
편식 대마왕

"

아이들 편식 문제로 고민하는 가정이 많은 것 같다. 우리 두 아이들도 편식이라면 전국 1~2위를 다툴 정도로 심각했다. 특히 둘째는 먹을 수 있는 음식이 손가락에 꼽을 정도인데, 둘째의 편식 때문에 해외여행을 한 번도 못 가봤을 정도다. 속도 모르는 주변 사람들은 아이를 굶기면 된다느니, 채소를 잘게 썰어 먹여보라느니 조언을 하기도 하고, 아이 하나 못 이겨 쩔쩔매는 우리 부부를 한심스럽게 보기도 한다. 물론 편식을 고쳐보려 많은 노력을 해봤고, 아이 스스로도 고치고 싶어 안간힘을 써봤다. 하지만 입에 안 맞는 음식을 억지로 먹이다가 토하기를 몇 번 반복하고 나서는 결국 포기했다.

둘째는 학년이 올라갈 때마다 학교 가는 걸 두려워했는데, 급식을 억지로 먹게끔 강요하는 선생님을 만날까 봐 그랬다. 이럴 땐 아내가 선생님께 급식을 강제로 먹이지 않았으면 좋겠다고 손편지를 써서 해결하기도 했다. 실제로 첫째 아이는 선생님의 강요로 맛없는 급식 설렁탕을 억지로 먹다가 그나마 좋아했던 설렁탕을 이젠 쳐다보지도 않게 되었다.

별난 아이들 때문에 아내는 끼니때마다 바빴다. 음식을 만들 때마다 아이들에게 먹고 싶은 메뉴를 물어봐서 만들어줬기 때문이다. 그렇게 몇 년을 아이들 스스로가 음식을 받아들일 때까지 기다려주니, 아이들이 조금씩 바뀌어갔다. 채소 볶음밥도 먹게 되었고, 매운 갈치조림과 닭갈비도, 느끼한 갈비탕도 먹을 수 있게 됐다. 이제 큰애는 여전히 입이 짧기는 하지만 편식쟁이라는 것을 잊고 살 정도로 많이 좋아졌고, 둘째가 먹을 수 있는 음식도 하나둘씩 늘고 있다. 그럴 때마다 우리 가족은 축제 분위기다.

아이들을 위해 내가 직접 앞치마를 두르기도 한다. '아빠가 해준 음식을 먹고 자란 아이들은 삐뚤어지지 않는다'는 근거 없는 말을 아내가 나에게 매일같이 떠들어대는 바람에 아이들이 아주 어릴 적부터 나는 우리 집 주말 요리사가 되었다.

주말마다 내 요리를 먹고 자란 아이들은 아직까지 삐뚤어지지 않고 바르게 자라고 있다. 아내가 내게 했던 말이 어쩌면 근거 없는 말이 아니었을지도 모르겠다. 주말인 오늘도 난 요리를 한다. 요리를 마친 후 음식을 식탁에 올려놓고 아내와 아이들을 큰 소리로 부른다.

"밥 다 됐어. 빨리 밥 먹어!"

이런 나의 외침은 행복의 외침이다. 온 가족이 늦잠을 자고 일어나 무료하고 따분한 시간을 보내는 아주 평범한 주말이 아이들을 어디론가 바삐 데려가 의무감으로 놀아주며 나도 모르게 짜증을 내는 주말보다 행복하다.

남편들에게 한 가지 팁을 알려주겠다. 아내가 밥 먹으라고 소리 지르면 모두들 식탁 앞에 바로 앉아야 한다. 이건 밥을 차려준 사람에 대한 예의다. 식구들에게 밥을 차려준 경험이 있는 사람이라면, 맛있는 밥을 먹이겠다고 바삐 움직인 보람이 무색하게 딴짓만 하고 있는 식구들을 보면서 화가 치미는 순간을 한 번쯤은 경험해봤을 것이다.

밥을 그냥 먹기만 하는 사람이야 좀 식은 밥이라도 상관없겠지만, 밥을 해준 사람의 입장에서는 조금이라도 맛있는 밥을 먹였으면 하는 바람이 있다. 이러한 작은 배려에서부터 행복은 시작된다. 아내가 밥을 할 때 누가 시키지 않아도 숟가락을 놓아준다면, 이는 '오늘도 난 당신의 맛있는 밥을 먹을 준비가 되어 있소'라는 신호를 보내는 것이다. 이 단 1~2분이 식탁의 분위기를 확 바꾸어놓을 수도 있는 것이다.

어떻든 나와 아내는 아이들에게 억지로 음식을 먹이지 않았다. 대신 음식이 맛있다며 아이를 유혹하고 먹어보기를 권했다. 공부도 마찬가지다. 공부를 억지로 시키게 되면, 아이는 공부에 대한 안 좋은 기억만 남아 결국 공부를 싫어하게 된다. 지금 공부를 싫어하면 평생 공부를 싫어하게 될 테지만, 지금 공부를 싫어하지 않는다면 언젠가는 공부를 잘하게 될지도 모를 일이다. 성급할 필요는 없다. 싫어하는 공부를 10년 하는 것보다 좋아하는 공부를 1년 하는 것이 더 효과적이다.

　싫어하는 공부를 길게 하는 것보다 좋아하는 공부를 짧게 하는 게 더 효과적이라는 사례가 실제 우리 집에 있다. 아내가 결혼 전에 쳤던 피아노를 가져와 10년 넘게 딸 방에 두었지만, 딸은 그동안 단 한 번도 피아노를 열어보지 않았다. 중학교 3학년이 돼서야 피아노를 잘 치는 친구가 부러웠던지 피아노를 배우고 싶다는 말을 꺼냈고, 보통 아이들이 수년에 걸쳐 습득하는 과정을 단 며칠 만에 터득하고 지금은 자기가 좋아하는 곡을 즐겁게 연습하고 있다.

　공부든, 피아노든, 음식이든, 지금 싫어하지 않는다면 언젠가는 좋아지게 될 수도 있다.

행운과
행복

어느 날 딸이 이런 말을 했다.

딸   아빠, 세 잎 클로버의 꽃말이 뭔 줄 알아?

나   아니, 몰라. 네 잎 클로버는 행운이잖아.

딸   아빠는 행운과 행복 중 뭐가 더 소중해?

나   글쎄?

딸   세 잎 클로버의 꽃말은 행복이야. 아빠는 네 잎 클로버를 찾아

헤매는 사람 말고, 세 잎 클로버를 지키는 사람이 되었으면 좋

겠어.

이 말을 들은 나는 이런 딸이 내 옆에 있어서 행복하다고 느

껐다. 그리고 왜 하필 세 잎 클로버의 꽃말이 '행복'일까 생각해 봤다. 나폴레옹은 네 잎 클로버를 줍느라 총알을 피하는 '행운'을 잡았을지는 모르지만, 전쟁이라는 이름으로 세 잎 클로버를 짓밟으면서 누군가의 '행복'을 빼앗아 간 사람일 수도 있겠다는 생각이 들었다. 풀숲에 수없이 피어난 세 잎 클로버는 어쩌면 소소하지만 수없이 많은 우리들의 행복을 닮아 있는지도 모르겠다.

내 또래의 아빠들 대부분은 자기 앞에 있는 '행복'을 가꾸기보다 저 멀리 있는 '행운'을 좇는 데 정신이 팔려 있다. 매일 경제뉴스를 들여다보며 언제 주식을 사고팔아야 할지 고민하느라 아이들과 놀아주는 데에는 관심이 없다. 집값이 더 많이 오를 것 같은 지역으로 이사를 하고, 집값이 뛰면 다시 집을 팔고 또 다른 행운을 찾아 이사를 간다. 아이들이 학교 친구들, 이웃들과 함께 행복을 나눌 수 있는 소중한 시간들을 또 그렇게 날려버린다.

그래서 나는 주식을 하지 않는다. 비상금으로 한때 몰래 발을 들인 적도 있었지만(이 글을 읽고 아내가 잘 넘어가 주길 바란다), 매일 주식에 빠져 있는 사람들을 도저히 당해낼 수 없었다. 무엇보다 주식이 오르는 행운보다 가족들과 함께 보내는 행복이 더 소중하다고 느꼈다. 나는 집 장사도 하지 않는다. 내 집을 장만한 이후로는 수년째 같은 동네에만 머무르고 있고, 더 이상 이사할 계획도 없다. 둘째가 유치원을 다닐 때부터 만났던 친구들과 이

웃들이 나는 좋다. 그들은 수천만 원의 이익보다 더 많은 행복을
우리 가족에게 안겨주고 있다.

호기심 많은 둘째가 어느 날 이런 질문을 해왔다.

아들　식물인간이 뭐야?

딸　음, 식물인간은 죽은 사람이긴 한데 심장만 뛰고 있는 사람이
야.

엄마　아니 그게 아니고, 살아 있는 사람인데 몸만 못 움직이는 사람
이야.

같은 사람인데, 어찌 보느냐에 따라 죽고 살고의 차이가 있
다. 세상사도 어찌 보느냐에 따라 불행하다고 느낄 수도, 행복하
다고 느낄 수도 있다. 행복해지려면 먼저 행복을 알아볼 수 있는
눈을 가져야 한다. 행복은 세 잎 클로버처럼 늘 우리 곁에 있다.
단지 우리가 그것을 못 알아볼 뿐이다.

아빠가
머리 말려줄까?

딸애가 중학교 2학년 무렵, 사춘기의 발악은 절정에 다다랐다. '조금만 참으면 나아지겠지' 했지만 도저히 나아질 기미가 보이지 않았다. 이렇게 딸이랑 점점 멀어지는 것 같았고, 마치 돌아올 수 없는 강어귀에 단둘이 마주 서 있는 듯했다.

초등학교 3학년까지만 해도 아빠랑 같이 목욕도 했었는데, 4학년이 되고부터는 갑자기 서로의 몸을 보고 놀라는 사이가 되어버렸다. 세상의 전부인 것처럼 아빠를 따랐던 아이가 갑자기 조금만 뭐라고 해도 며칠 동안 말을 안 한다. 이유 없이 즐거워하기도 하고, 이유 없이 기분 나빠 하기도 한다. 대체 어느 장단에 맞춰야 할지 감이 안 왔다. 딸의 기분이 좋아졌을 때를 기다려 이유를 물어봤지만 자기도 잘 모르겠다는 대답뿐이다.

이럴 때 내가 사용한 좋은 방법이 하나 있다. 딸의 긴 머리를 말려주는 것이다. 한창 멋을 부리는 사춘기 소녀에게 머리 말리기는 귀찮은 일 중의 하나다. 이때 아빠가 '짜잔~' 하고 나타나 머리를 말려주는 거다. 만약 딸이 이마저도 사양한다면 그것은 분명 아빠를 엄청 싫어하고 있는 것이다. 그럴 땐 용돈이라도 쥐여주면서 기분을 좋게 한 다음 다시 도전해보자. 혹시 운 좋게 허락을 받아낸다면, 그때는 최선을 다해서 빠르고 편하고 완벽하게 머리를 말려주자. 그래야 다시 머리를 말릴 수 있는 기회가 이어질 수 있다.

머리를 말려주는 행동은 생각보다 훨씬 많은 효과가 있다. 동양의 인사법인 머리를 숙이는 행동은 당신에게 내 목을 내놔도 될 만큼 당신을 신뢰한다는 의미가 담겨 있다. 실제 심리학적으로도 머리를 만져주는 사람에게는 경계심이 줄어들고 심리적으로 편안함을 느낀다고 한다. 동네 미장원에서 소문이 잘 퍼져나가는 이유도 어쩌면 이 때문일지 모르겠다.

딸 역시 아빠가 머리를 말려주는 그 순간만큼은 아빠를 향해 있던 불만과 경계심이 조금은 누그러진다. 자연스럽게 대화가 오갈 수 있는 분위기가 마련된다. 이럴 때 과거의 잘잘못을 따진다거나 무언가 못마땅했던 것을 지적한다면 아마도 딸의 머리카락을 만질 수 있는 기회는 다시 오지 않을 것이다.

딸과의 대화법도 미장원에서 가십거리를 떠드는 것처럼 가볍게 시작하면 된다. 출근길에 봤던 길고양이 같은, 당사자와는 아무 상관 없는 남들의 이야기를 먼저 꺼내보자. 그러면 딸도 친구들 이야기를 자연스럽게 꺼낼지 모른다.

아이와 함께 악기를 배워보는 것도 추천한다. 연구에 따르면, 악기를 부모와 아이가 함께 배우면 아이의 감정 조절뿐 아니라 부모의 감정 또한 원활하게 조절된다고 한다. 나의 경우엔 딸과 기타를 함께 배우고 있다. 어릴 적 배우다 만 기타를 어느 날 갑자기 다시 하고 싶어진 나는, 딸에게 함께 배워보자고 제안했다. 무슨 교육적 목적이 있었다기보다, 그저 조금이라도 딸과 함께 시간을 보내며 웃고 싶어서였다.

딸에게 코드 잡는 법을 가르쳐주면서 딸의 손을 오랜만에 잡아봤다. 딸의 손마디는 생각보다 부드러웠고, 아직 젖살이 빠지지 않은 듯 통통한 아기 손가락 같았다. 순간 딸이 갓 태어났을 때 다섯 손가락으로 내 검지를 꼭 쥐던 때가 생각났다. 딸과 스트로크 주법을 함께 연습하면서 서로의 눈을 마주 보고 입과 손을 맞춰 "따의 따따딴" "따의 따따딴~~"할 때는 갓 태어난 딸아이가 처음 옹알이를 할 때 나도 모르게 흉내를 내며 따라 했던 그때가 떠올랐다.

딸이 요즘 어떤 노래를 좋아하는지도 알게 됐고, 기타 연주를 조금씩 완성해가면서 딸과 함께 성취욕도 느낄 수 있었다. 그리고 그렇게 서로에게 점점 더 가까워질 수 있었다.

야구를 좋아하는 아들과는 가끔 캐치볼을 하곤 한다. 둘 다 몸치인 탓에 아들과 나는 공을 서로 주고받는다기보다는 공을 줍고 다니는 경우가 더 많다. 어쩌다 정확하게 글러브 안으로 공이 들어올 때면 짜릿함을 느낄 수 있다.

사실 나는 어릴 적 야구를 별로 좋아하지 않았다. 내 주변엔 죄다 여자들뿐이어서, 남자들만의 스포츠 세계 같은 게 내겐 없었다. 1989년 전북 전주에 연고지를 둔 '쌍방울 레이더스'가 생겼는데, 그때는 아버지와 형도 옆에 있었지만 스포츠를 즐길 만큼의 여유로움도, 왠지 낯선 아버지와 형에게 다가갈 마음도 내겐 없었다. 그래서 나는 아들 녀석이 야구에 빠진 게 무척이나 좋았다. 어릴 적 내 아버지와 함께하지 못했던 남자들만의 세계에 아들과 함께 빠져들고 싶었기 때문이다.

인천에 터를 잡고 살아간 지 어언 10년. 아들 녀석은 인천 SK의 열혈 팬이 되었고, 나에게 쌍방울 레이더스가 인천 SK로 바뀌었다는 사실을 알려줬다. 그 후부터 나는 'SK 와이번스'를 '쌍방울 레이더스'라 읽게 되었다. 그렇게 야구는 아들과 나를 잇는 또 다른 공감대가 되었다.

2018년 넥센과 SK의 플레이오프 마지막 5차전 경기를 아들

과 경기장에서 관람했다. 9회 초까지 큰 점수 차로 앞서가던 SK
가 갑자기 역전당하면서 패색이 짙어질 때쯤, 사람들은 실망감
에 못 이겨 경기장을 빠져나가기 시작했다. 하지만 아들은 포기
하지 않고 끝까지 자리를 지키려 했다. 차마 자리를 못 떠나는
아들의 간절한 마음을 느낄 수 있었다. 드디어 연장 10회 말, SK
의 김강민 선수가 동점 홈런을 쳐낼 때 아들은 감동의 눈물을 흘
렸다. 얼마 전까지만 해도 동화책을 읽으며, "기쁜데 왜 울어?",
"너무 기쁘면 눈물이 나와?" 하며 의아해하던 녀석의 눈물을 보
니, '벌써 이렇게 많이 컸구나' 하는 생각이 들었다. 내 가슴까지
찡해왔다.

　　SK는 마침내 뒤집기에 성공했다. 그리고 우리는 야구 역사에
길이 남을지도 모르는 그 소중한 순간을 함께했다.

"

부족함의
미학

"

부모는 못 입고 못 먹어도 자식에게는 제일 좋은 것을 해주고 싶다. 하지만 정작 아이들은 풍요의 소중함을 모른다.

나의 경우엔 금전적인 부족함이 오히려 도움이 된 사례들이 많다. 첫째 아이는 30개월이 채 되기도 전에 한글을 뗐다. 남들은 수백만 원을 호가하는 학습 도구를 사들일 때, 우리 집에는 동화책 달랑 두 권이 전부였다.

궁핍했던 시절, 아내는 아이가 제일 좋아할 만한 책을 서점에서 아이와 함께 골라 왔다. 그러곤 같은 동화책을 수백 번 읽어 주었다. 딸아이는 동화책을 줄줄 외우게 되었고, 동화책에 나오는 모든 글자를 스스로 깨치는 듯했다. 이 사실을 뒤늦게 알아차린 우리는 부랴부랴 한글 학습 포스터를 벽에 붙이고 기역, 니은을 연습시켰다. 한 달이 채 안 돼 딸아이는 '꽃밭'이라는 글자를 쓸 수 있는 수준까지 이르렀다.

둘째 아이도 비슷한 경험이 있다. 둘째는 네 살이 되어서도 말 한마디를 못 해 걱정이 이만저만이 아니었다. 그러다 다섯 살이 되던 어느 날, 갑자기 말을 유창하게 하기 시작했다. 한글도 거의 동시에 떼게 됐다.

정규직이 되고서 둘째를 가진 터라 집안 살림이 조금은 나아 져 동화책이 첫째 때보다는 많았지만, 둘째가 한글을 뗀 방식도 첫째 때와 비슷했다. 자동차를 본능적으로 좋아했던 둘째는『부릉부릉 트럭』(두산동아) 동화책을 유독 좋아했는데, 같은 책을 몇 번이고 읽어줘도 까르르까르르 웃어대곤 했다. 둘째가 말이 트일 때쯤 그 책은 이미 너덜너덜해져 있었고, 첫째가 그랬던 것처럼 아이는 동화책을 이미 줄줄 외우고 있었다. 그리고 자연스럽게 한글을 떼게 되었다.

어느 해인지 정확히 기억은 안 나는데, 5월 4일, 어린이날 바로 전날이었다. 그날도 아들 녀석은 아파트 베란다에서 오두방정을 떨며 신나게 놀고 있었다. 그러다 그만 실수로 방충망을 찢어먹었다.

나　너, 이게 뭐야! 이 녀석 맴매 맞아야겠네.

　　　아니다. 내일 어린이날이지?

　　　너 열 대 맞고 내일 어린이날 선물 살래? 아니면 매 안 맞고,

　　　선물 살 돈으로 방충망을 살까?

아들　(울먹이면서) 그냥 방충망 사.

　그래서 그해 어린이날 선물은 정말로 방충망이 돼버렸다. 처음엔 장난처럼 시작한 일이었지만, 한번 내뱉은 말이라 잘 주워 담아지질 않았다. 그냥 웃고 넘어갈까도 생각했지만, 자신이 저지른 일은 자신이 책임을 져야 한다는 간단한 사실을 이번 일을 계기로 일깨워줄 수 있을 것 같았다.

　새 방충망을 갈아 끼우면서 어찌나 웃음이 나던지 참느라 힘들었지만, 아들에게는 근엄한 표정으로 "네 어린이날 선물이 잘 설치되었다"며 다시 한번 어린 아들에게 책임감에 대해 일깨워 줬다.

　이런 나를 야박한 사람이라 할지도 모르겠다. 하지만 나는 아이들이 힘든 일을 해냈을 때는 보상을 아끼지 않는다. 아들은 도합 100만 원이 훌쩍 넘는 레고 장난감, 10만 원을 호가하는 최고급 큐브와 최신 게임기들을 갖추고 있다. 딸은 각종 고급 인형들과 만화책, 해외판 그림 도감에서부터 태블릿, 맥북 등을 갖추고

있다. 이 물건들은 하나같이 아이들이 이뤄낸 성과물들의 기록이다. 수학 문제집을 다 풀었을 때, 영재원에 합격했을 때, 국제고에 합격했을 때 등등.

딸이 받은 첫 보상품은 첫 충치 치료를 받고 나서였다. 당시 딸은 고작 예닐곱 살밖에 안 됐는데, 발버둥을 치는 바람에 치료를 몇 번 실패한 뒤였다. 주변에서는 수면 치료를 권하기도 했지만, 영 내키지 않았다.

우리 부부가 설득하고 설득해 드디어 딸은 맨정신으로 충치 치료를 받았고, 그 보상으로 딸은 자신이 가장 좋아하는 팽도리(피카츄의 여자친구) 인형을 받았다. 옆에서 수면 치료를 권하던 이웃도 아이를 마취하는 게 마음에 걸렸는지 우리를 따라 해보려 했지만, 평소 아이가 원하는 것들을 즉각 사주는 편이라 아이로부터 "그냥 엄마가 사주면 되지!"라는 핀잔만 듣고 말았다고 한다.

미국에서 자식이 부모에게 대학 등록금을 내달라고 소송을 건 사건이 있었다. 법원은 부모는 자식을 바르게 가르쳐야 할 의무가 있지만, 대학교를 보내야 하는 의무는 없다며 부모의 손을 들어주었다. 내가 이 뉴스를 들려주자 아이들은 무슨 오해를 한 건지는 모르겠지만, 다짜고짜 자기들도 지금부터 대학 등록금을 모으겠다고 선언했다.

아이들은 그 후부터 명절날 친척들에게 받은 용돈의 4분의 3을 다시 부모에게 반납하고 있다. 그러고도 부족한 금액은 자신들이 취직한 후 10년간 본인 월급의 4분의 1을 반납해 메우겠다고 했다. 우리 가족은 이 제도를 일명 '4분의 1 제도'라고 부르고 있다. 글을 적고 보니, 정말 내가 야박해 보이기도 한다. 하지만 절대 오해는 말았으면 좋겠다. 이 '4분의 1 제도'는 나의 강압으로 인해 만들어진 것이 아니라, 아이들 스스로가 결정하고 합의한 것이라는 사실을.

나는 결코 우리 아이들이 똑똑하다고 생각하지 않는다. 솔직히 첫째를 키울 때는 '좀 똑똑한가?'라는 생각을 한 적도 있었다. 첫째는 워낙 말도 빨리 하고 한글을 거의 신동 수준으로 빨리 뗐다. 그림도 무척이나 잘 그렸다. 하지만 둘째는 언어 치료를 고민할 정도로 말을 늦게 했고, 그림은커녕 연필을 잘 잡지도 못했다. 그럼에도 불구하고 두 아이 모두 공부를 잘할 수 있었던 것은 똑똑한 머리가 아닌 '부족함의 미학' 때문이 아닐까 생각해본다.

2부

부모는
처음이지만

어쩌다
준비도 없이
부모가 된 우리,

이제라도
제대로 된 부모가 되는 방법을 고민
해봅시다.

알파고도
못 푸는 난제

우리 가족 구성원은 지극히 평범하고 부족한 사람들이다. 나는 지방대를 나왔고, 아내 또한 마찬가지다. 나는 화가 나면 아이들에게 소리 지르고, 심지어 때리기도 한다. 우리 아이들은 나를 '꼰대'라 부르기도 하고, 아빠의 말을 '개 짖는 소리'라 하기도 한다.

오늘도 난 아이들과 스마트폰 문제로 입씨름을 반복한다. 아내는 부모가 자식을 안 믿으면 누가 믿겠냐며 아이들을 믿고 스마트폰을 해주자는 의견이고, 나는 어른도 절제가 안 되는데 어떻게 아이들을 믿을 수 있겠냐며 반대하는 입장이다.

딸아이가 초등학교 5학년 무렵, 집에서 놀고 있는 중고 스마트폰을 개통해준 적이 있다. 대신 조건이 붙었다. 잠자리에서 몰래 숨어서 하지 않기, 유해 사이트나 웹툰 보지 않기 등등. 당연히 지켜지지 않았다.

아이의 시력이 급속히 나빠졌지만 이유를 알지 못하다가, 우연히 들어간 아이 방 침대 속에서 스마트폰 불빛이 새어 나오는 것을 보고는 그동안 무슨 일이 있었는지 알게 됐다. 딸의 스마트폰을 들여다보니, 아이는 벌써 네이버 카페의 시숍이 되어 있었고, 트위터 계정에는 유명 인사처럼 하루에도 댓글이 수백 개나 달릴 정도였다. 각종 유해 사이트를 들어가 본 흔적과 성(性)에 눈뜨기 시작한 흔적들이 여기저기 남아 있었다.

화가 머리끝까지 치민 나는 딸을 향해 스마트폰을 던져버리고야 말았다. 다행히 화가 너무 나서인지 손이 부르르 떨리는 바람에 비껴갔지만, 스마트폰은 방문을 뚫고 나서야 바닥에 떨어졌다. 혹여 아이의 머리에라도 맞았으면 구급차를 불러야 했을지도 모른다.

그러고도 화를 주체할 수 없었던 나는 아이를 학교에 며칠간 보내지 않기로 했다. 고집이 센 나를(아내의 관점에서 나는 이런 사람임, 사실은 다정하고 남의 의견을 잘 수용하는 편임) 꺾을 수 없었던 아내는 어쩔 수 없이 내 결정에 따라야 했다. 결국 아내의 설득으로 결석은 하루에 그쳤지만, 나와 아내 그리고 딸아이 모두에게 그 하루는 매우 긴 시간이었던 걸로 아직 기억에 남아 있다. 그때 아내는 마음에 깊은 상처를 입은 듯했다. 3~4년이 지난 지금도 그때를 떠올리기만 해도 눈물을 보이며 행여 그때 아이의 머리에 스마트폰이 맞았더라면 이혼도 불사했을 거라고 말한다.

사춘기 자녀를 둔 부모라면 나와 비슷한 경험을 한 번쯤은 해 봤을 것이다. 한번은 '4차 산업혁명과 우리 아이의 진로'라는 주제의 강연을 들은 적이 있다. 강사는 최신 트렌드를 섞어 귀에 쏙쏙 들어오게 설명을 해줬다. 강의 끝 무렵 한 학부모가 질문을 했다.

"강사님은 자녀의 스마트폰 사용을 어떻게 자제시키고 있나요?"

"저는 아침 7시에서 밤 12시까지만 사용하게 합니다."

사람들이 여기저기서 웅성댔다.

"그럼 잠들기 전까지 거의 모든 시간을 사용하게 하는 것 아닌가요?"

"그렇죠. 대체 어떻게 아이들이 스마트폰 쓰는 것을 막을 수 있겠습니까? 나조차도 스스로 통제 못 하는데요."

청중 사이에서 큰 웃음이 일었다. '알파고'처럼 멋있어 보였던 강사가 갑자기 평범한 아빠로 변신해 있었다. '세상에 훌륭한 사람은 많아도 훌륭한 부모는 별로 없구나'라는 생각이 들었다.

이 책을 쓰고 있는 나 또한 마찬가지다. 인간은 부족한 존재이기에, 부모 또한 부족한 사람일 수밖에 없고, 귀여움의 티를 막

벗고 인간이 돼가고 있는 내 아이들 또한 아주, 아주, 아주 부족한 존재일 수밖에 없다는 사실을 받아들여야 편하다. 그리고 편안한 마음으로 어떻게 하면 우리 아이들을 콘텐츠의 수요자가 아닌 콘텐츠를 창조하는 사람으로 길러낼지 고민해보자.

"
자녀 교육에도
전략적 사고가 필요하다
"

과녁을 명중시키고자 할 때 첫 번째로 준비해야 할 것은 뭘까? 활이나 총? 아니다. 바로 과녁이다. '과녁'을 달리 말하면 '목표'다. 어떤 일을 하든지 간에 목표가 제대로 설정되지 못하면 접근 방법 또한 잘못될 수밖에 없다.

하지만 목표 설정에 앞서 그 목표를 이루려는 이유, 즉 '목적'을 바로 세워야 한다. 어려운 점은 그 목적을 부모가 대신 찾아주는 게 아니라, 아이 스스로 찾을 수 있도록 옆에서 도와만 줘야 한다는 것이다. 아이가 살아가야 할 삶을 부모가 정해줄 수는 없다.

어떤 부모들은 나도 내가 왜 사는지를 모르는데 어떻게 아이들에게 삶의 목적을 찾아주냐고 막막해한다. 하지만 우리는 부모니까 최선을 다해야 한다. 어쩌면 자녀에게 '삶의 목적'을 찾아주는 것이야말로 부모의 진정한 존재 이유일지도 모른다.

부모는 자녀들에게 구체적인 목표를 제시해주기 위해서, 그 목표의 실체를 정확히 파악하고 있어야 한다. 아는 만큼만 보이는 법. 피상적으로 알고 있는 정보로는 잘못된 선택을 초래할 수밖에 없다. 직업을 예로 들어보자. 의사는 대부분 환자만 진찰하는 줄 알지만, 하루 종일 기생충만 들여다보거나 최첨단 유전자 조작 기술을 연구하는 기초의학자들도 있다.

꿈이 매번 바뀌는 우리 둘째의 일화를 소개하면 이해가 더 빠르지 않을까 싶다. 녀석이 예닐곱 살 때였던 것 같다. 레고를 엄청 좋아했던 둘째는 어느 날 포클레인 운전기사가 되고 싶다며 자신의 첫 장래 희망을 밝혔다. 나는 그 꿈이 별로 마음에 들지는 않았지만, 자신의 포부를 당당하게 밝히는 아이가 대견스러워 그 꿈을 한번 밀어주기로 마음먹었다.

인터넷에서 굴착기 운전면허를 따는 방법을 알아보고, 진로는 어떻게 선택해야 하는지, 더 많은 임금을 받으려면 추가로 어떤 자격증들이 필요한지 등을 검색했다. 단순한 금전적 가치 외에도 건물을 지어 올릴 때 느낄 수 있는 자긍심, 때론 가족과 떨어져 지내야 하는 애로사항 등과 관련된 이야기도 함께 나눴다. 도시 설계나 토목건축 분야 책들을 읽으며 심도 있는 토론을 하면서 아이는 점점 흥미를 잃어갔고, 결국 스스로 자신의 첫 번째 꿈을 포기했다.

초등학교에 올라가서는 주산 선생님이 되고 싶다고 했는데 (당시 주산·암산 방과 후 수업을 듣고 있었다), 주산 특기자로 대학에 들어갈 수도 있고, 은행이나 대기업 취업 시에도 가산점을 받을 수 있다는 사실을 알고 함께 기뻐했다. 군대 가는 게 무섭다며 의사가 되고 싶다고 했을 때는 수학경시대회를 준비시켰고(의사가 되기 위해서는 수학이 필수적이다), 누나를 따라 생물학자가 되고 싶다고 했을 때는 과학영재원을 준비시켰다. 초등학교 선생님이 되고 싶다고 했을 때는 교사로서 인격을 함양해야 한다고 주문했고(둘째는 성격이 급하고 자기주장이 매우 강하다), 경제 쪽에 관심을 보일 때는 「국가 부도의 날」이라는 영화를 함께 보면서 각종 경제 용어들과 환율과 수출 간의 관계 같은 어려운 경제 현상들을 몇 날 며칠 동안 설명해주기도 했다.

궁수냐,
궁사냐

아이의 꿈이 정해졌다면, 그다음 부모가 할 일은 그 목표로 이르는 길을 설계해주는 것이다. 즉, 일반고나 특목고, 학원 선택 등과 관련해 각종 정보를 찾아보고 추진 전략을 설계하는 것이다.

이때 간과해선 안 될 문제가 하나 있다. 부모가 '목표를 향해 달려가는 주체를 어떻게 단련시키느냐'는 것이다. 자식 교육은 목표를 세우고 부모가 달려가는 게 아니라, 우리 아이가 직접 목표를 세우고, 목표를 향해 달려가게끔 해야 하기 때문이다. 그렇기 때문에 목표를 향해 달려가는 주체인 아이를 단련시키는 과정이 선행돼야 세부 전략들이 잘 실천될 수 있다.

예를 들어, 목표를 과녁으로 비유해보자. 과녁이 SKY 대학이라면 각자의 아이들은 과녁을 향해 달려가는 '화살'에 비유될 수 있다. 제아무리 명사수라 할지라도 잘못된 화살로는 과녁을 명중시킬 수 없다. 부모가 제아무리 목표에 이르는 길을 정확하게 알아냈다 하더라도 아이가 그 길을 갈 수 있는 능력이 함양돼 있지 않다면, 아이는 부모가 생각한 곳과는 전혀 다른 엉뚱한 곳을 향해 날아갈 수밖에 없다. 그래서 우리는 화살을 무조건 활시위에 걸려고만 하지 말고, 화살을 다듬는 데 좀 더 힘써야 한다.

화살을 잘 만드는 사람과 화살을 잘 쏘는 사람은 다르다. 부모는 화살을 잘 쏘는 궁수(弓手)가 되려 하기보다는, 화살을 잘 만드는 궁사(弓師)가 되기 위해 노력해야 한다. 내 아이를 잘 키우는 방법은 화살이 잘 날아가도록 길을 안내하는 과정이 아니라, 화살을 다듬고 단련시키는 과정이라 할 수 있다.

우리 집의 경우에는 아내는 궁사로, 나는 궁수로 역할을 분담했다. 아내는 마치 쇠뿔을 깎고 다듬어 각궁을 만들듯이 아이들의 인지감각과 언어감각을 발달시키고 사고능력, 연산능력, 공간지각능력을 길러내는 데 혼신의 힘을 다했다. 이는 참으로 고되고 오랜 시간이 소요되는 일이다.

반면, 나는 마치 과녁을 향해 활시위를 당기듯 아이들에게 영재원이나 경시대회, 특목고와 같은 목표를 제시해주고 그 목표에 접근하는 방법을 설계해주는 역할을 했다. 아내가 들인 시간과 공에 비하면 내가 한 일은 손쉽고 짧은 시간에 해결되는 일들이었다. 하지만 시간을 놓치면 안 되는 일이었고, 방향이 어긋나서도 안 되는 일이었다.

나는 마치 알 수 없는 힘에 이끌리듯 방향을 잡아나갔고, 그 과정은 나조차도 신기하리만큼 잘 들어맞았다. 그리고 아이들은 목표점에 한 걸음씩 다가갈수록 마치 화살촉처럼 단단해지고 예리해져갔고, 바람을 가르고 비행하는 방법을 배워가고 있는 듯했다. 지금까지 우리 가족이 이루어낸 성과물들은 결코 우연들이 조합된 결과만은 아닐 것이다. 이는 분명 균형 잡힌 활과 바람을 탈 줄 아는 화살, 그리고 날카로운 화살촉 덕분이었을 것이다.

남들이 감탄할 만한 커다란 목표가 아닌, 내 아이들이 해낼 수 있는 작은 목표부터 시작해보자. 바람을 타는 상쾌함과 과녁에 명중했을 때의 짜릿함을 아이들이 느끼게 해보자. 그러기 위해 성급했던 마음을 가다듬고 활을 다듬는 데 더욱 노력해보자.

공부 습관 같은 건
없다

한때 알파맘, 베타맘이란 용어가 유행한 적이 있다. 알파맘은 아이의 성공을 우선시하며, 아이의 재능을 발굴하고, 아이의 진로를 설계하는 역할을 수행한다. 베타맘은 자녀의 행복을 우선시하며, 조언자나 조력자의 역할만을 수행한다.

처음 이 용어를 접했을 때, 아내와 나는 베타맘이 되기로 결심했다. 얼핏 보면 베타맘이 쉬울 것 같지만 사실은 정반대인 경우가 많다. 어쩌면 우리나라에서 베타맘으로 사는 것은 불가능한 것 같기도 하다.

둘째가 성균관대학교 수학경시대회를 두 번째 치르기 전날에 있었던 일이다(내가 억지로 시킨 것은 절대 아니었다). 공부는 뒷전이고 게임만 해대는 둘째를 보고 있자니 대회 등록비가 아깝다는 생각이 들었다. 나는 아이를 앉혀놓고 기출문제집을 같이 풀어보자며 펜을 들었다. 문제집을 뚫어져라 보고 있노라니 그야말로 검은색은 글씨요, 하얀색은 종이였다. 아직까지 고사리손을 하고 있는 아홉 살짜리에게 내가 몹쓸 짓을 하고 있는 건 아닌지, 순간 눈물이 핑 돌았다.

나는 아이를 부둥켜안으며 미안하다고 연신 사과했다. 내가 만약 그때 약함을 버리고 혹독하게 아이를 훈련했다면, 당시 아쉽게 한 문제 차이로 동상을 놓쳤던 아이가 과연 더 좋은 점수를 받아 올 수 있었을까?

나는 아이가 어릴 때는 극단의 베타맘으로, 중학교에 접어들었을 땐 극단의 알파맘으로 아이를 키웠다. 그리고 베타맘에서 알파맘으로 전환하는 데에는 그리 오랜 시간이 걸리지 않았다.

많은 부모들이 공부하는 습관을 잡겠다며 유치원 시절부터 스파르타식으로 아이를 닦달하는 경우를 봐왔다. 그리고 실패하는 경우도 많이 봤다. 정말 공부하는 습관 같은 게 있는 걸까? 내가 내린 결론은 공부 습관 같은 건 없다는 것이다.

우리 딸은 초등학교 6학년 전까지는 책상에 앉아 공부를 해본 적이 거의 없다. 하지만 공부를 해야 할 때가 되자 무척이나 열심히 했다. 우리 스스로만 봐도 그렇다. 학창 시절에는 다들 그렇게 열심히 공부했건만, 그때 습관이 잘 들어 지금까지 공부하는 부모는 눈을 씻고 봐도 없다. 내가 다니는 직장에도 서울대를 나온 사람들이 수두룩하지만, 공부를 열심히 하는 사람은 단 한 사람도 없다.

학창 시절, 우리가 그토록 열심히 공부했던 이유는 공부 습관을 잡기 위해서가 아니라 그냥 공부를 해야만 했기 때문이었고, 지금 공부를 안 하는 이유는 지금은 하지 않아도 되기 때문이다. 공부는 그냥 해야 할 때가 됐을 때 하면 된다.

존재하지도 않고, 설령 존재한다 하더라도 달성하기 매우 어려운 공부 습관을 들이기 위해 우리는 너무나 많은 돈과 시간과 노력과 마음을 소비하고 있는지도 모른다. 이는 마라톤을 준비하면서 매일 100미터 달리기를 연습시키는 것과 같다. 마라톤을 준비하기 위해서 첫 번째로 해야 할 일은 체력을 단련시키고 신체를 적응시키는 일이지, 전력 질주를 연습시키는 게 아니다.

혹시 100미터 달리기에서 넘어져본 경험이 있는가? 다시 일어나봤자 이미 허비해버린 시간을 만회할 방법은 없다. 우리 아이들도 마찬가지다. 한번 넘어져본 아이들은 상처가 두려워 다시 뛰려 하지 않는 경우도 많다. 경쟁자를 짓누르며 느끼는 '성취감'을 '행복'이라 여기는 아이들이 과연 몇 명이나 될까?

누군가와 경쟁을 한다는 것은 체력적으로나 심리적으로나 매우 고된 일이다. 중년 남성인 나조차도 승진의 문턱에서 누군가를 짓눌러야 한다는 중압감이 버겁기만 하다. 언젠가는 우리 아이들도 이 경쟁 구도에 들어가야 하는 운명을 피할 순 없다. 하지만 그 경쟁 기간을 최소화해줄 수는 있다.

나와 아내는 그동안 베타맘으로 살아오면서 아이들의 체력을 기르고 경쟁 기간을 최소화하고자 노력했다. 그리고 드디어 본격적인 경쟁 구도에 진입한 아이들은 상대적으로 짧은 단거리 경쟁에서 조금씩 성과를 거두고 있고, 아직은 그 경쟁을 재미있어하는 것 같다.

"

아이의
행복 추구권

—

"

둘째 아이가 첫 번째 영재원 시험에서 떨어진 후, 사교육의 힘을
빌려보고자 아이와 함께 학원 상담을 받으러 간 적이 있었다. 그
학원은 대기 학생들이 어찌나 많은지, 등록 가능한 타임이 저녁
식사 시간대밖에는 없었다. 아이의 저녁밥을 걱정하며 이러지도
저러지도 못하는 우리 부부가 딱해 보였는지, 상담 선생님이 말
했다.

"어머니, 요즘 아이들은 다 편의점에서 밥을 사 먹어요."

당시 둘째 나이는 고작 열한 살, 초등학교 4학년이었다. 하지
만 그 또래 아이들 대부분이 학교를 마치기 무섭게 교문 앞에 대
기 중인 차를 타고 학원에 가서 밤 11시가 넘어서야 귀가하는 게
현실이다. 성인인 나도 밤 11시까지 야근을 하면 다음 날 하루가

부모는 처음이지만

79

힘든데, 어린아이들은 오죽할까?

야근은 세계보건기구가 정한 발암물질 2급에 해당한다. 이제 고작 열 살을 갓 넘긴 아이들이 DDT나 납과 같은 2급 발암물질을 매일 섭취하는 셈이다. 이뿐만이 아니다. 방부제와 유화제 범벅인 편의점 도시락과 환경호르몬이 녹아 나오는 컵라면을 매일 아무렇지 않게 사 먹고 있다. 아이가 어릴 때는 유기농 식재료로 만든 이유식만 먹이며 애지중지 키웠는데, 이제는 교육을 위해 몸에 해로운 것도 마다하지 않고 먹이고 있는 것이다.

우리는 무엇을 위해 그러는 걸까? 미래에 성공한 자녀 모습을 상상하며 지금의 자녀를 학대하고 있는 건 아닌지 되묻고 싶다.

우리 아이들에게도 행복 추구권이 보장돼야 하지 않을까. 그렇다면 아이들은 과연 얼마큼 공부하고 얼마큼 놀아야 균형 잡힌 삶, 행복한 삶을 살 수 있을까? 옆집 엄친아를 이길 때까지, 반 1등을 할 때까지, 전교 1등을 할 때까지 공부해야 할까?

내 생각에는 자기 스스로 부족하다 느끼지 않을 만큼만 공부하고, 내일 다시 만회할 수 있을 만큼만 오늘을 놀게 하면 좋지 않을까 싶다. 아이의 능력은 100점을 맞거나 테스트를 통과했느냐가 아니고, 지금 아이에게 주어진 과제를 성실히 수행하고 있느냐에 따라 평가돼야 하기 때문이다.

나와 아내는 아이들이 싫다는 공부를 억지로 시켜본 적이 없다. 수학경시대회 참가는 아이에게 먼저 의향을 물어봤고, 영재원 도전도 강요가 아닌 아이와 논의를 통해 함께 결정해갔다. 둘째가 주산 공부를 시작할 때에도 아이가 먼저 하고 싶다고 말할 때까지 10개월을 기다렸다. 수학 연산에서 늘 애를 먹던 첫째를 교훈 삼아, 둘째에겐 1학년 때부터 주산·암산 방과 후 수업을 듣자고 제안했다. 하지만 둘째는 단호히 거절했다. 2학년이 돼서야 반 친구들의 영향을 받아서인지 주산·암산 수업을 듣겠다고 자청했고, 지금까지도 꾸준히 다니고 있다. 스스로 시작해서인지 오랜 연륜의 주산 선생님도 이런 경우는 처음 봤다고 할 만큼 빠른 속도로 주산 1급을 초등학교 4학년 때 따냈다.

스스로 시작한 공부에 재미 들이는 아이. 부모가 조금만 기다려준다면 가능한 일이다. 자기 스스로가 행복하다고 느끼는 아이는 훨씬 더 많은 능력을 발휘한다.

"
너를 키우는
이유

”

요즘 한창 사춘기인 딸은 나에게 신경질적이고 반항적인 말투로
대들기를 밥 먹듯 한다. 그때마다 나는 여지없이 화를 못 참고
잔소리를 시작한다. 마구 잔소리를 퍼붓다가 어느덧 정신을 차
리고 보면, 내 말이 딸의 귓속까지 닿지 못하고 허공으로 증발하
고 있는 게 눈에 들어온다. 언제부터 시작되었을지 모를 딸의 무
시 작전을 뒤늦게야 눈치챈 것이다.

그렇게 무표정을 하고 아무런 대꾸도 안 하는 딸을 보고 있노
라면 나는 대체 이런 딸을 왜 키우는 걸까, 하는 생각이 든다. 솔
직하게 말하면 '나는 왜 딸에게 욕심을 내고 있는 걸까?'가 더 맞
는 표현일 것 같다. 자식의 출세가 마치 부모의 업적처럼 간주되
기 때문일까? 아니면 내가 못 이룬 꿈을 자식에게 전가하는 걸

까? 모두 부질없는 짓일지도 모른다. 아무래도 나는 전생에 딸(아들)에게 큰 빚이라도 졌나 보다.

아마도 사춘기 아이의 몸에서는 부모를 미워하도록 만드는 호르몬 같은 게 분비되나 보다. 그러지 않고서는 딸이 나를 왜 이렇게까지 싫어하게 됐는지 이유를 도저히 설명할 수 없다. 딸에게 내가 싫어진 이유를 물어봐도 답을 주지 않는다. 나는 어쩔 수 없이 이유마저도 스스로 찾아내야 한다. 마치 남녀가 싸울 때 "내가 왜 이렇게 화를 내는지 아직도 몰라?"라는 말을 들었을 때처럼 난감하다.

대체 나는 무엇을 잘못한 걸까?

어쩌면 나의 잘못은 '자식에 대한 욕심'일지도 모른다. 사실 나의 욕심이라 해봤자 엄청날 것도 없다는 생각에, 아직 내 속마음은 이를 인정하고 싶지 않다. 내 욕심이라곤 그저 내 딸(아들)이 남한테 무시당하지 않고 행복하게 살아주길 바라는 작은 소망뿐이다. 그런데 참 모순되게 딸의 행복을 빌어주는 내 마음 때문에 내가 불행해지고 있다. 딸이야 이 힘든 순간을 조금만 버티면 언젠간 행복할 날이 찾아오겠지만, 지금 빼앗긴 나의 행복은 다시는 돌아올 것 같지가 않다.

사실 부모들이 자녀 교육에 목숨을 거는 이유는 나처럼 자녀의 행복을 바라서일 것이다. 하지만 진정으로 자녀의 행복을 바란다면 자식에 대한 모든 소망과 희망을 버려야 한다. 자녀에 대한 희망이 크고 이루기 어려운 것일수록 실패할 가능성은 높아지고, 자녀에 대한 미움도 커질 수밖에 없기 때문이다.

나는 '희망'이라는 단어가 불러올 수 있는 무서움을 이미 경험한 바 있다. 어느 날 아내에게 나의 아버지가 이런 말을 건넸다.

"며늘아기야, 우리의 희망인 손주들을 잘 키워다오."

그 말 속에서 한때는 나를 향해 있었던 아버지의 바람을 엿볼 수 있었다.

내 아버지는 자식들을 많이 미워했었다. 정확히 말하면 자식들이 아버지를 더 많이 미워했었다. 지금 생각해보면 그러한 미움들은 아버지의 희망으로부터 비롯되어 실망으로 이어진 미움이었을 것이다. 당시 사글세를 살면서도 4남매 모두를 대학에 보냈고, 그중에 두 명은 재수까지 시켰다. 천장에서 들리는 쥐 소리를 자장가 삼아 바퀴벌레와 한 이불을 덮고 살면서도 아버지는 유일한 희망의 끈인 자식들을 놓지 않았다.

우리 4남매는 아버지의 희망을 욕심과 강요로만 받아들였다. 아버지의 희망이 강해질수록 자식들의 성적은 곤두박질쳤고, 아버지의 실망과 미움이 뒤따랐다. 나는 자식 교육에 실패한 아버지의 한이라도 풀어주자는 심정으로 공부를 시작했고, 어느덧 시간이 흘러 이제 고등학생 딸을 둔 아빠가 되었다. 그리고 내 아버지가 그러했듯 나도 지금 똑같은 실수를 반복하고 있는 것 같다. 세상에서 내가 잘되길 그 누구보다 더 간절하게 원했던 내 아버지였지만, 나는 내 아버지가 지금도 싫다. 쓸쓸한 내 아버지 는 과연 무엇을 위해 그렇게 애를 썼던 것일까?

"
자식을
절대 믿지 말라
"

성경에 '믿음, 소망, 사랑, 그중에 제일은 사랑'이라는 구절이 나온다(참고로 나는 무신론자다). 그럼 자식을 대하는 부모의 마음 중에 으뜸은 무엇일까? 믿음? 아니다. 부모는 자식을 믿으면 안 된다. 나 또한 부모님을 속여 참고서 값을 삥땅 치며 자랐다. 부모는 자식을 맹목적으로 믿어서는 안 된다. 늘 의심의 눈초리로 자식을 대해야 한다. 그리고 알고서도 모르는 척 넘어갈 줄 알아야 하고, 또 다른 잘못을 반복하지 않도록 바른길로 안내해야 한다.

그럼 소망일까? 아니다. 우리 아이가 '바르게 자라주길 바라는 소망'과 '성공한 삶을 살아주길 바라는 소망'은 비슷한 것 같아도 아주 다른 결과를 낳을 수 있다. 그리고 '성공한 삶을 살길 바라는 소망'이 '바르게 자라길 바라는 소망'을 앞지르는 경우가 대부분이다. 결국 '성공한 삶을 살길 바라는 소망'은 점점 왜곡되고 삐뚤어져 우리 아이들을 짓누르는 '욕심과 헛된 바람'이 되는 경우를 많이 봐왔다.

그럼 마지막으로 사랑일까? 나 또한 부모로부터 맹목적인 사랑을 받았지만, 그 맹목적인 사랑이 나에게 해준 것은 그리 많지 않은 것 같다. 내가 받은 사랑은 분명 하늘같이 넓은 사랑이었지만, 그 크기는 자식을 낳고서야 비로소 알게 되는 것 같다.

부모가 자식을 대함에 있어 '사랑'이 으뜸인 건 맞는다. 하지만 부모 또한 완벽하지 못한 사람이기에 그 사랑 또한 왜곡될 수 있고, 그릇된 전달 방식으로 인해 자식에게 상처를 입힐 수 있다. 자식에 대한 부모의 사랑은 헤아릴 수 없을 만큼 크기 때문에, 어쩌면 자식을 키울 때는 사랑의 크기를 잠시 참아둬도 좋을 것 같다.

그럼 자식을 대하는 부모의 마음 중에 으뜸은 무엇일까? 각자 다르겠지만, 나의 답은 '신뢰'다. '신뢰'는 '믿음'과 유사한 단어지만, 조금 다르다.

'믿음'은 영어 단어로는 belief나 faith에 해당할 것이다. '믿음'은 사랑을 근간으로 하는 상대방에 대한 맹목적인 생각이나 기대다. 반면, '신뢰'는 보다 객관적인 잣대로 상대방을 신용하고 어떠한 일을 해낼 것이라는 확신이 들 때만 상대방을 믿는 생각을 말한다. 영어로는 trust나 confidence에 해당한다고 할 것이다. 즉, '맹목적인 믿음'과 '상호 간의 신뢰'는 엄격히 구별된다.

어쩌면 말장난 같은 이야기를 장황하게 하는 이유는 부모가 자식을 '신뢰'가 아닌 '믿음'으로 대하는 경우가 많기 때문이다. 부모는 자식이 공부를 잘할 줄 믿고 있고, 학교에서는 절대 나쁜 짓을 안 할 것이라 굳건하게 믿고 있다. 이러한 맹목적인 믿음은 아무런 도움이 되지 않는다.

부모는 절제된 사랑으로 자식을 끊임없이 관찰해야 하고, 자식으로부터 신뢰할 수 있는 객관적인 정보를 얻어내고자 항상 요구해야 한다. 이를 위해서는 부모가 먼저 아이에게 신뢰할 수 있는 정보를 줘야 한다. '나도 서울대를 나왔으니, 너도 서울대를 들어가라'거나 반대로 '나는 서울대를 못 갔으니, 너라도 서울대를 들어가라'는 식의 말이나 행동은 자식에게 아무런 신뢰를 주지 못한다. 부모의 과거 모습이 아닌, 현재 노력하는 모습을 보여줘야 한다. 부모는 TV를 보면서 아이는 혼자 방에 틀어박혀 공부를 하라고 하면, 과연 어떤 아이가 부모를 신뢰할 수 있겠는가?

시험 기간이면 아내는 딸과 서재에서 같이 공부한다. 중학교 첫 중간고사 때만 해도 가정교사처럼 아이를 가르치고 혼내기 바빴지만, 어느샌가 어쩌다 도서관 옆자리에 앉은 모르는 사람처럼 각자 공부를 한다.

아이는 독서실에 가기 위해 길에서 버리는 시간을 절약할 수 있고, 옷을 갖춰 입지 않아도 되므로 이 시간 또한 절약된다. 공부하러 온 건지 놀러 온 건지 모를 정도로 친구들과 수다를 떨거나 휴대전화를 만지작거릴 이유도 없다. 아이의 집중력이 떨어지거나 졸음이 몰려온다 싶을 때면 아내는 이내 아이에게 말을 건네고, 아이가 공부한 걸 되물어보기도 하면서 아이의 집중력을 유지하게 해준다.

아내의 체력이 고갈되면 이제는 내 차례다. 아내와 교대를 한 나도 딸과 같은 공간에서 나만의 자기계발을 한다. 이런 방식으로 나와 아내는 아이들에게 신뢰받을 수 있는 모습을 지속적으로 보여주고 있다.

부모가 자식을 위해 TV 드라마도 끊고, 수험생처럼 공부하며 수도승처럼 살라는 말이 아니다. 내가 TV를 보고 싶으면 아이들도 분명 TV를 보고 싶을 것이고, 내가 스마트폰을 하고 싶다면, 아이들도 분명 스마트폰을 하고 싶을 것이다. 그럼 그냥 같이 TV도 보고, 스마트폰도 하면 된다. 그러다가 TV나 스마트폰을 너무 많이 한다 싶으면, 그때 함께할 수 있는 무언가를 만들어 TV나 스마트폰 하는 시간을 줄여나가면 된다. 그렇게 부모도 하고 싶은 걸 같이 참고 있다는 사실을 아이들에게 먼저 보여줘야 한다.

그래야만 아이들도 자기가 하고 싶은 것들을 참아낼 수 있다.

부모가 아이에게 신뢰를 주는 것도 중요하지만, 아이가 부모에게 신뢰받을 만한 행동을 했을 때 부모는 칭찬과 보상을 아끼지 말아야 한다. 말로만 하는 칭찬은 안 된다. 칭찬은 눈빛으로 해야 한다. 그래야 아이들과 교감을 쌓을 수 있다. 교감은 말 그대로 감정을 상호 교환하는 것이기 때문에 말이 아닌, 마음의 창인 눈빛으로 해야 한다. 적절한 보상도 잊지 말아야 한다. 이를 위해 평소 아이가 원하는 것을 바로바로 들어주지 말고 잠시 아껴둬야 한다. 아이에게 보상을 해줘야 할 순간이 오면, 마치 선물 보따리처럼 아이가 원하던 것을 하나씩 하나씩 꺼내 주도록 한다.

"

이룰 수 없었던
꿈

"

가난하고 불행하다고만 여겼던 유년 시절, 나는 만화를 그릴 때면 근심 걱정을 잊었다. 하지만 나의 장래에 아무런 관심도 없었던 부모님은 내가 만화가가 되는 것만은 쌍수를 들고 반대했다. 부모님의 뜻에 따라 예술대학을 포기한 후, 나는 건축가가 되고 싶었다. 그나마 내 손재주가 잘 쓰일 수 있을 것 같아서였다. 하지만 부모님은 이마저도 내 뜻대로 하게 놔두지 않았다. 당시만 해도 건축 경기가 좋지 않아 굶어 죽기 딱 좋다는 이유에서였다 (1998년 IMF 외환 위기가 대한민국을 덮치면서 실제로 그런 일들이 일어났다).

　나는 끝까지 내 손재주를 살려보고 싶어 치의예과 진학을 목표로 삼았다. 하지만 수능 점수가 모자랐고, 결국 나는 아버지의 뜻에 따라 환경공학과에 진학했다. 그렇게 내 손재주와 관련된 꿈들은 모두 사라져버렸고, 내 마음속에는 늘 꿈을 이루지 못해 생긴 '목마름' 같은 게 아련하게 남아 있다.

그 목마름이 작용했을까? 딸은 내가 가진 재주를 그대로 닮았다. 혈액형에서부터 눈·코·입, 습성 하나하나까지 모두 나를 닮은 게 신기할 정도다. 딸은 연필을 잡는 순간부터 본능적으로 동그라미를 그리기 시작했고, 내가 그랬던 것처럼 아주 어릴 적부터 자기 캐릭터를 그리고 다녔다. 중학교에 올라가서는 예고를 준비하는 아이들을 제치고 미술대회에서 우수상을 받곤 했다.

어느덧 한 세대가 흘러 이제 아빠의 시선으로 딸을 바라보는 내 심정이 이전에 나를 바라보던 내 아버지의 마음과 다르지 않다. 나도 딸에게 '네 재능을 살려 꿈을 향해 나아가라'고 말하지 못했다. 아니, 거짓으로 몇 번 말을 꺼내본 적은 있다. 그때마다 딸은 내 본심을 쉽게 알아차렸다. 다른 이유는 없었다. 단지 딸의 공부 머리가 아까워서 욕심이 났던 것뿐이다(어쩌면 내 부모님도 나와 같은 심정이었을지 모르겠다).

하지만 나는 딸의 손목을 자르겠다거나 미술 도구를 내다 버린다는 등의 협박은 하지 않았다(내 부모님은 그랬다). 오히려 만화 교본과 각종 미술 도구, 웹툰 작가들이 많이 쓴다는 전문 프로그램을 사다 줬다. 딸에게 한을 남기지도 않고, 내가 원망을 들지도 않을 방법이라고 여겼기 때문이다. 딸은 이런 내 마음을 헤아리기라도 하듯 단지 자기 재능을 취미로만 활용하는 현재 상황을 만족해한다.

하지만 나도 내 부모처럼 딸의 꿈을 빼앗아버린 것 같아 마음한구석이 어릿하다. 그래서 이를 만회해보겠다는 심정으로 딸의 꿈을 찾아주려 애쓴다. 그러나 수년째, 딸은 아직 자신의 꿈을 찾지 못하고 있다.

생물 과목을 좋아하고 손재주가 많은 딸에게 딱 맞는 꿈을 찾아주고 싶었다. 그래서 예전에 언뜻 선생님이 돼보고 싶다는 딸의 말을 떠올리며, 기초의학을 연구하는 의사, 생명공학을 연구하는 수의사, DNA를 연구하는 분자생물학자, 해양생물을 연구하는 해양학자, 생물학과 교수, 중·고교 생물 교사, 초등학교 교사 등 딸이 좋아할 만한 직업들을 찾아서 내밀어봤다. 하지만 뚜껑이 닫힌 주전자에 물을 붓는 꼴이랄까? 딸은 선뜻 자기 꿈을 고르지 못했다.

인생의 꿈을 찾는 것은 어쩌면 무지개 저편의 금화가 담긴 항아리를 좇는 것과 비슷할지 모르겠다. 나도 그 무지개를 좇아 인생의 첫발을 내디뎠지만, 어느새 무지개는 사라지고 앞이 보이지 않는 안개 속을 쳇바퀴 돌듯 걷고 있는 나 자신을 발견하게 되었다.

이 기나긴 안개구름 속을 걸어오면서 내가 하고 싶은 것도 있었고, 내가 잘하는 것도 있었고, 내가 해야만 하는 것도 있었다. 하지만 내가 하고 싶은 것들은 언제나 맨 뒷전으로 밀려났고, 내가 잘하는 일들은 남들이 잘 알아주지 않았다. 나는 내 인생의 대부분을 해야만 하는 일들을 하며 살았다. 우리 아이들이 성장해 '해야만 하는 일들'이 '잘하는 일'이었으면 좋겠고, 그 일들이 '하고 싶었던 일'이었으면 좋겠다. 그리고 그걸 찾아주는 게 부모의 역할이지 않을까 싶다.

기다릴 줄 아는
지혜

아내가 딸을 낳던 날, 탁구공과 씨름을 하고서야 뒤늦게 병원에
도착한 나는 병실 문 앞에서 잠깐 멈칫했다. 내 마음은 아직 아
이를 맞이할 준비가 안 돼 있는 것 같았다. 아무런 동요가 없는
나 자신을 의아해하며 '아이의 얼굴을 직접 보면 벅찬 감동 같은
게 일어나겠지?' 하고 문을 열었다.

포대기에 둘둘 말려 있는 아기를 처음 받아 든 순간, '참으로
못생겼다'는 생각이 먼저 들었다. 얼굴은 새까맣고 쭈글쭈글한
데다, 곳곳에 뱀 허물처럼 생긴 태반 찌꺼기가 덕지덕지 붙어 있
는 게 눈에 거슬렸다.

퇴원 후 처가로 돌아와 처음 아이를 씻기던 날, 따뜻한 물이
담긴 욕조를 방으로 가져와 아내와 나, 그리고 장모님이 합동작

전을 펼쳐가며 아이를 물에 담갔다. 목욕을 싫어하는 나를 닮아서인지, 딸아이는 몸에 물이 닿자마자 세상 떠내려갈 듯 울어젖혔다. 아내가 아이의 얼굴에 붙은 태반 찌꺼기를 비누로 닦아내려 하자 장모님이 말렸다.

"이건 저절로 떨어질 때까지 억지로 떼면 안 돼. 앞으로 한 달 동안은 비누로 씻기지도 말고 물로만 씻겨."

나는 그 모습에서 기다려줄 줄 아는 어른들의 지혜를 엿볼 수 있었다. 그래서인지 딸아이는 아토피가 없다.

아이가 자라는 동안 크고 작은 병치레를 하면서 여러 병원을 다녔다. 병을 잘 고치기로 소문난 병원에서는 매번 항생제를 처방해줬고, 약 가짓수도 많았다. 아이는 빨리 나았다. 하지만 그 약을 끊고 나면 얼마 안 돼 다시 같은 병에 걸리곤 했다.

한번은 딸애가 심한 열감기에 걸려 급한 마음에 집에서 가까운 병원을 찾은 적이 있었다. 병원에 처음 들어선 순간, 머잖아 망하겠다는 생각이 들 정도로 환자가 없었다. 여의사 선생님은 딸애의 상태가 대수롭지 않다면서, 항생제 하나 없이 약국에서 쉽게 구할 수 있는 약들로만 처방해줬다. 약을 먹여도 쉽게 열이 떨어지지 않자 아내는 다시 병원을 찾았다. 하지만 그 의사 선생님은 "엄마가 아이를 잘 키우려면 우선 인내심을 길러야 한다"며 그냥 돌려보냈다고 한다. 그 후 아이는 스스로 병을 이겨냈다.

이 일을 겪고 나서 아내는 환자가 뜸한 집 앞 그 병원만 다니기 시작했다. 아이의 병이 쉽게 낫지는 않았지만, 아이 스스로 병을 이겨낸 후에는 더 건강해졌다.

아내는 이 병원을 주위에도 홍보하고 다녔지만, 사람들의 반응은 "애가 일주일 동안 고생하는 걸 어떻게 봐……. 차라리 항생제 먹여서 빨리 치료되는 게 낫지"라는 게 대부분이었다.

시간이 흘러 우리는 이사를 했고, 아내는 새로운 동네에서도 기다릴 줄 아는 지혜를 가진 의사 선생님을 찾아다녔다. 하루에 변을 일곱 번이나 보는 아이를 여기저기 진찰하더니 아무 이상이 없다면서, 아이가 크다 보면 이럴 때도 있다며 진료비도 안 받고 돌려보낸 의사 선생님을 우리는 새로운 주치의 선생님으로 삼기로 했다.

시간이 더 흘러 둘째가 태어났다. 둘째는 너무나도 예쁜 얼굴을 하고 태어났다. 뽀얀 피부에 태반 찌꺼기도 없었다. 그래서 그런지 피부가 민감했고, 새 가구를 들여놓으면 아토피가 생기기도 했다. 바이러스성 비염도 있었다. 계절이 바뀔 때마다 비염이 심해져 눈 주변까지 염증이 올라오는 일도 잦았다. 하지만 기다려줄 줄 아는 지혜로 이 모든 것을 극복했다.

초등학교 6학년인 둘째는 아직까지도 목욕을 물로만 한다. 환절기마다 비염 때문에 고생을 했지만, 바이러스가 눈으로 번질 때에만 병원에 데려갔다. 물론 항생제는 특별한 경우가 아니면 먹이지 않았다. 기다림의 지혜가 통했을까? 둘째는 나이가 들수록 비염이 좋아져 지난해에는 콧물 한 방울 흘리지 않고 겨울을 났다.

공부도 이와 마찬가지가 아닐까? 아이 스스로 병을 이겨낼 때까지 기다려야 하는 것처럼, 공부 또한 스스로 감당해낼 수 있을 때까지 기다려줄 줄 아는 지혜를 가져보자.

"
부족한 나부터
인정하기
—
"

주위를 둘러보면 잘 사는 사람들이 참 많은 것 같지만, 알고 보면 대부분 그럭저럭 허덕거리며 산다. 나의 삶도 다른 그 누군가의 삶처럼 늘 부족하기만 하다.

첫 직장이었던 한국과학기술연구원(KIST)에서의 비정규직 생활은 참으로 힘들었다. 일이 힘들었다기보다는 심적으로 자괴감에 많이 빠져 있었다. 서울대를 나와야만 정규직이 될 수 있는 그곳에서 나는 고작 지방대밖에 나오지 못한 보잘것없는 존재였다. 미국 유학을 준비하고 있었지만, 유학을 간다 한들 과연 이들을 이길 수 있을까, 하는 두려움만 커져갔다.

그들은 한없이 커 보였고, 나는 한없이 작아 보였다. 나는 그렇게 쟁쟁한 사람들과 나 스스로를 비교하면서 내 가슴을 후벼

파고 있었다. 내 인생은 시궁창에 빠져 있는 것 같았고, 도저히 빠져나올 수 없을 것 같았다. 내 몸에 찰싹 달라붙은 지방대라는 타이틀이 내 인생의 수준을 이미 결정해놓은 것만 같았다.

나는 끝내 유학을 가지 못했다. 첫 직장에서 정규직이 되지도 못했다. 그래도 지금은 중앙 부처의 연구직 공무원으로 일하고 있다. 나는 정말 운이 좋게도 도저히 빠져나오지 못할 것 같던 시궁창을 빠져나온 것 같았다. 하지만 여전히 내 몸에서는 지워지지 않는 시궁창 냄새가 나는 것 같았다. 나는 여기서도 SKY 대학을 나온 사람들과 나를 비교해가면서 자격지심에 빠져 살았다.

그러던 어느 날 '시궁창은 오직 내 마음 안에만 있다'는 사실을 깨달았다. 그날 이후 나는 자신 있게 "전북대학교를 나왔소"라고 말하고 다닌다. 예전보다 밝아졌고, 자신감이 생겼다.

자격지심이 있는 부모는 자녀를 제대로 교육할 수 없다. 이런 부모에게 자식은 그저 자신이 이루지 못한 꿈을 대신 이뤄주는 아바타일 뿐이고, 콤플렉스를 극복하기 위한 도구일 뿐이다. 아이들을 잘 교육하기 위해서는 나 스스로의 부족함을 먼저 인정해야 한다. 내 부족함을 객관적으로 바라볼 줄 알아야, 내 자식이 그 부족함을 대신 채워줄 수 없다는 걸 깨달을 수 있다. 어쩌면 국민학교밖에 나오지 못한 내 아버지도 당신의 한을 풀기 위해서 그토록 우리 형제들을 닦달했는지 모르겠다. 삐뚤어진 교육

관은 삐뚤어진 아이를 만들 뿐이다. 자식에게 욕심을 부리는 순간, 그 욕심이 감당하기 어려운 화를 불러오게 될지도 모른다.

나 자신의 부족함을 먼저 인정한 다음에는, 내가 부족한 부모이듯 내 아이 또한 부족한 존재라는 사실 또한 인정해야 한다. 내가 가난한 부모에게서 수십억 땅을 물려받을 수 없는 것처럼, 내 자식 또한 똑똑하지 못한 부모로부터 좋은 머리를 물려받지 못했을 것이다.

아이의 부족함을 인정하라고 해서 아이를 방치하라는 말은 아니다. 아이가 시험에서 100점을 맞건, 50점을 맞건 상관하지 말라는 말도 아니다. 머리가 나빠서건, 노력이 부족해서건 간에 현재 아이가 가지고 있는 학력 수준을 정확히 파악하고 그 수준을 인정해야 한다는 말이다.

아이의 학력 수준을 정확히 파악하는 것은 매우 중요하다. 아이의 현 수준을 '기준점'으로 삼아야 하기 때문이다. 이 기준점으로부터 모든 게 다시 시작돼야 한다. 부모가 기준점을 잘못 파악하면 아이가 감당하기 어려운 수준을 요구하게 되고, 감당하기 어려운 외부 자극은 아이들을 도망치게 만들 뿐이다.

여기서 주의해야 할 점은 기준점을 시험 점수로만 파악해서는 안 된다는 것이다. 부모와 아이가 함께 문제를 풀고 해결해나가는 과정에서 왜 우리 아이가 이 문제를 틀렸는지 파악하고, 부족한 부분이 뭔지 알아가는 과정이 기준점을 잡는 방법으로 사용돼야 한다.

아이가 내가 기대했던 것보다 잘할 수도 있고, 못할 수도 있다. 부모가 기대했던 것보다 훨씬 못 미치는 경우도 있을 수 있다. 하지만 여기서 화를 내면 안 된다. 지금 하고 있는 '부족함의 인정'은 아이의 학력 수준에 대한 기준을 삼기 위함이고, 이 기준은 점점 위로 올라갈 것이기 때문에 지금의 기준이 어느 수준이건 그것은 별로 중요치 않다.

아이의 기준점이 빨리 올라가지 않는다고 절대 성급해서는 안 된다. 아이에게 속마음을 들켜서도 안 된다. 산속에서 토끼를 사냥하듯 아주 천천히 다가가야 한다. 토끼에게 다가가기도 전에 토끼가 눈치를 채면 놓칠 수밖에 없다. 자식의 성공이 부모의 부귀영화 수단이 될 수 없는 것처럼, 별 쓸모도 없는 토끼를 잡으려고만 하지 말고 그냥 같이 놀아주는 기분으로 함께하다 보면, 어느새 아이들이 저절로 부모 옆으로 다가오게 될 것이다.

존경받는
아빠가 되려면

둘째가 초등학교 2학년 때 장래 희망에 관해 얘기하다가 판사가
되고 싶은데, 군대에 가기 싫어서 의사가 돼야겠다고 했다. 그런
데 판사도, 의사도 못 되면 환경미화원이 되고 싶다고 했다.

나	왜 환경미화원이 되고 싶어?
아들	나도 아빠처럼 환경미화원이 되고 싶어.
나	아빠는 환경미화원 아닌데?
아들	그래? 나는 지금까지 아빠가 환경미화원인 줄 알았지.
나	그럼 친구들한테 아빠 뭐 한다고 그랬어?
아들	그야 환경미화원이라고 그랬지.

둘째의 맹함에 한바탕 웃으면서도, 아빠처럼 되고 싶다는 말에 나는 조금 감동받았다. 그리고 환경미화원이라도 아빠를 자랑스러워하는 아들이 멋있다고 느꼈다.

어떻게 하면 우리는 존경받는 아빠가 될 수 있을까? 너무 잘난 부모 밑에서 자란 아이들조차 커서까지 부모를 존경하는 경우는 드물다. 내가 생각하기에 부모에 대한 존경심은 부모가 어떤 직업을 가졌느냐가 아니라, 얼마나 바르고 성실한 삶을 살고 있느냐에 달린 것 같다.

어릴 적 나의 어머니는 아버지와 싸움을 하고 나면 꼭 자식들에게 하소연을 했다. 이제 부모가 되어보니, 그것은 우리더러 아버지를 미워하라는 뜻이 아니라 그저 푸념이었고 한풀이였다는 것을 깨닫게 되었다. 하지만 우리 남매들은 어린 마음에 어머니를 따라 아버지를 미워했다. 화가 나서 과장되게 내뱉는 어머니의 말을 곧이곧대로 믿었다. 어머니는 아버지와 사이가 좋을 때는 우리에게 아무런 말도 하지 않았다(정말 그런 때가 있었는지는 모르겠지만). 그래서 우리는 늘 아버지의 흉만 들으며 자랐고, 아버지에 대한 존경심이라고는 눈곱만큼도 없는 자식들이 되었다.

나를 존경해달라고 그 누구에게 강요할 수 없듯이, 자식에게도 내가 아빠란 이유만으로 존경을 강요할 수는 없다. 하지만 엄마는 자녀에게 아빠에 대한 존경심을 불러일으킬 수 있다. 아빠를 칭찬해주는 엄마의 말을 들으며 아이들은 아빠에 대한 존경심을 가질 수 있다. 세상에서 제일 좋은 엄마를 세상에서 가장 많이 사랑해주는 아빠의 모습을 보면서 아이들은 아빠를 좋아하고 존경하게 된다. 혹시 사소한 일로 다투더라도 엄마는 아이들에게 아빠의 흉을 봐서는 안 된다. 그래서 존경받는 아빠가 되는 첫 번째 조건은 아내를 사랑하는 것이다.

존경받는 아빠가 되는 두 번째 조건은 아이들에게 실천하는 모습을 보여주는 것이다. 어릴 적 나의 아버지는 공부에 한이라도 맺힌 사람처럼 자식들에게 공부를 다그쳤다. 그럴 때마다 나는 속으로 '그렇게 공부가 좋으면 아빠가 하면 되지'라고 했다. 나는 어린 마음에 정작 본인은 아무것도 안 하면서 우리에게만 공부를 시키는 아버지가 미웠다.

세월이 흘러 내가 아빠가 되고 보니, 어릴 적 내가 아버지를 미워했던 것처럼 내 자식들도 나를 그렇게 대할까 겁이 났다. 그래서 나는 아이들 앞에서 같이 공부하고 노력하는 모습을 보여주려 애썼다. 나는 어디에도 써먹을 데 없는 그냥 의미 없는 공부를 했다. 영어 공부도 처음부터 다시 하고 수학 공부도 아이들과 같이했다. 그렇게 아이들 앞에서 항상 성실한 모습을 보여주려 했다. 그리고 아이들은 그런 아빠의 모습을 보며 어느새 아빠를 자연스레 존경하게 되었다.

3부

내 아이
공부하기

어린아이들도
자기주도적 학습을
하는데,

왜 부모들은
자기주도적으로
내 아이를
공부하지 않나요?

" 사교육은 정말 필요악일까 "

학원에 보내기만 해도 성적이 쑥쑥 오른다면야 돈이 얼마든 아깝지 않을 수 있다. 하지만 결과는 대부분 그렇지 못하다. 그래서 나는 아이들을 학원에 보내지 않기로 했다. 내 아이를 가장 잘 알고, 정성을 가장 많이 쏟을 사람은 바로 부모라는 생각도 있었다.

나와 아내는 사교육의 도움을 받는 대신 직접 아이를 관찰하고, 자극을 주고, 때론 같이 공부하며 함께 성장해나갔다. 그렇다고 무조건 학원을 보내지 말라는 말은 아니다. 나도 필요할 땐 학원을 보낸 적이 있다. 사교육은 남들이 다 해서가 아니라, 내 아이가 꼭 필요할 때 해야 한다. 그래야 효과도 배가될 수 있다.

아이들을 키우다 보면 외부 자극이 필요할 때가 반드시 찾아온다. 여기서 '자극'이란 자신의 한계를 뛰어넘을 수 있는 '외부 충격'을 말한다. 하지만 외부 충격이 너무 크면 두려움에 사로잡힐 수 있고, 아이들은 자극으로부터 도망쳐버릴 수 있다. 반면, 외부 충격이 너무 작으면 그것은 더 이상 '자극'이 아니어서 아무런 효과도 발휘하지 못한다.

자극의 적당한 크기를 어떻게 알 수 있을까? 정답은 의외로 간단하다. 어려운 교육학 학위를 요하는 것도 아니고, 대단한 묘수가 숨겨져 있는 것도 아니다. 오직 내 아이를 유심히 관찰하는 것만으로 쉽게 알 수 있다.

주위에서 어떻게 아이를 키웠냐고 묻는 사람들이 많다. 애석하게도 내가 조언해줄 수 있는 게 별로 없다. 이미 아이들에게 자극을 줄 수 있는 시기를 놓쳐버린 경우가 대부분이기 때문이다. 자극은 '크기'도 중요하지만 '타이밍'이 정말 중요하다.

자녀 교육은 어쩌면 '어떻게 공부시키느냐'가 아니라 '외부 자극을 어떻게 주느냐'의 문제이며, 외부 자극은 두뇌가 활발히 성장하는 시기에 가장 높은 효과를 발휘한다. 그래서 자녀 교육에 관심이 많은 부모라면 아이가 어릴수록 더 많이 신경 써야 한다. 이 시기를 잘만 보내면 공부는 저절로 잘하게 된다.

내 아이 관찰에는 많은 돈이 들어가지 않는다. 자녀 교육에 있어서 절실한 것은 돈이 아니라, 내 아이의 표정을 읽어낼 수 있는 눈과 마음이다. 내 아이의 표정만 자세히 들여다봐도 자녀 교육이 저절로 이뤄진다.

사례를 하나 들어 설명해보겠다. 우리 집에는 항상 아이들의 수준보다 한 단계 높은 책들이 놓여 있다. 아이들이 그 어려운 책을 바로 읽지 않을 걸 알지만, 항상 구비해놓는다. 그리고 한 단계 높은 책들을 아이들에게 무심하게 한 번 읽어준다. 부모가 직접 읽어줘야만 아이의 표정을 읽을 수 있다. 첫 라운드는 대개 부모의 패배로 끝난다. 아이는 쉽게 질려 하고 하품을 쩍쩍 해대기 일쑤다. 첫 라운드가 끝나기까지는 10분도 채 걸리지 않는다. 이때는 경기를 빨리 종료하는 게 훗날을 위해 유리하다. 그리고 그 책은 다시 오랫동안 책꽂이에 꽂아 아이의 기억 속에서 사라지게 한다.

하지만 아직 포기한 것은 아니다. 아이에 대한 관찰을 지속해나가야 한다. 때가 되었다 싶을 때 다시 꺼내 든다. 책을 아이에게 다시 들이밀기 위해서는 전제 조건이 하나 있다. 바로 그 책의 존재를 아이가 완벽하게 잊어버릴 때까지 기다려야 한다는 것이다. 한두 달, 일이 년이 걸릴 수도 있다. 무턱대고 시간이 지났다고 해서 다시 책을 꺼내 들어서는 안 된다. 아이에게 아주 미세한 변화가 감지될 때까지 기다려야 한다.

부모가 급한 성격이라면, 먼저 책을 읽고 아이가 좋아할 만한 내용을 끄집어내어 얘기하듯 들려주면서 아이의 표정을 읽는 것도 좋은 방법이다. 드디어 아이가 조금이라도 반응을 보이기 시작하면, 미끼를 문 대어를 낚아채듯 재빠르게 파고들어야 한다. 아이가 흥미를 잃지 않도록 최대한 재밌게 책을 읽어준다. 책을 읽어줄 나이가 지났다면, 재미있었던 부분을 아이와 함께 이야기하거나, 느낀 점을 토론하면서 공감대를 형성한다.

그렇게 어렵고도 어렵게 아이에게 자극을 줬다면 이제는 아이 스스로 재미를 찾아갈 수 있게끔 잠시 시간을 줘야 한다. 그러면 십중팔구 아이들 스스로 바람을 타는 돛단배처럼 책 속에 빠져든다. 어려운 수학 문제도, 아이가 읽기 싫어하는 영어 동화책도 다 같은 방법으로 빠져들게 할 수 있다.

한번은 집에 있는 어항을 청소하다가 어항 벽에 시꺼멓게 낀 이끼들을 보며, 살아 있는 미생물을 아이들에게 직접 보여주면 좋겠다는 생각이 들었다. 나는 크리스마스 선물을 빙자해 10만 원 안팎의 현미경을 샀고, 아이들과 함께 미생물을 현미경으로 관찰했다. 400배 현미경으로 바라본 미생물 모습이 신기했는지, 당시 초등학교 2학년이던 둘째가 갑자기 나에게 이런 질문을 했다.

"아빠, 근데 사람은 왜 살아?"

"지구는 왜 만들어졌어?"

바로 이런 질문을 할 때가 아이들에게 조그마한 변화가 일어

나는 순간이다. 나는 그때를 놓치지 않고 예전에 읽히려다 실패한 과학책들을 다시 꺼내 읽어줬다. 미생물과 우주에 관한 지식을 아이 머릿속에 마구마구 몰아넣었다. 너무 과해서인지, 너무 어려워서인지, 아이가 흥미를 잃어가는가 싶었다. 그래서 이번에는 아이와 함께 과학 다큐멘터리를 봤다. 실감 나는 장면을 보여주려고 빔 프로젝터를 이용해서 마치 극장처럼 큰 화면으로 봤다. 그러자 아이의 닫히려던 머릿속은 또다시 열렸고, 나는 그 틈으로 각종 지식을 마구 밀어 넣었다.

사랑도, 교육도 결국 타이밍이다.

재미는 머리를
춤추게 한다

둘째가 인천대학교 과학영재원을 준비하면서 자기소개서를 작성할 때의 일이다. 당시 둘째는 안중근 의사가 일제강점기에 불공정한 심판을 받아 사형당한 이야기를 읽고 판사가 되겠다는 꿈을 갖고 있었다. 물론, 두 번째 꿈도 있었다. 그 꿈이 과학자라면 자기소개서를 작성하는 데에 아무 문제가 없었겠지만, 아쉽게도 아이의 두 번째 꿈은 야구선수였다.

판사와 야구선수……. 판사를 하면서 동네 야구팀에서 야구를 한다고 생각하면 좀 어울리기도 하겠지만, 그렇다고 과학영재원 지원서에 그렇게 쓸 수는 없는 노릇이었다. 도저히 답이 안 나오는 상황에서 나는 둘째에게 이렇게 제안했다.

"너는 판사가 되고 싶고, 야구를 좋아하니까…… 너의 꿈을 인공지능을 이용해서 과학적으로 야구 시합을 판정할 수 있는 심판로봇을 만드는 걸로 정하면 어떨까?"

하지만 아이의 반응은 너무나도 싸늘했다. 자기의 꿈은 판사가 되는 것이지, 심판로봇을 만드는 게 아니라는 거였다. 만약에 아빠가 거짓으로 자기소개서를 대신 작성하기라도 하면 자기는 시험을 포기할 거라고 으름장까지 놓았다. 그래서 나는 다시 둘째에게 이렇게 물어봤다.

"그럼 너는 커서 판사가 될 건데 과학영재원 시험은 왜 보려고 해?"

아이의 입에서 튀어나온 말은 너무나도 간결하고 명확했다.

"재밌으니까."

그렇다. 둘째는 재밌어서 그냥 시험을 보는 거였다. 녀석은 어려운 시험문제를 푸는 게 마치 퀴즈대회에 나가는 것 같은 기분이 든다고 했다. 영재원 팸플릿에 나와 있는 사진들을 가리키며, 영재원에 붙으면 공짜로 로봇도 만들고(녀석은 아빠를 닮아 공짜를 무척이나 좋아힌다), 신기한 실험도 하면 재밌을 것 같다고 했다. 아이의 꿈이 비록 판사일지라도 어려운 문제를 해결하는 것에 재미를 느끼는 아이라면 영재원에서도 분명 아이의 잠재력을 알아볼 것 같다는 생각이 들어서, 자기소개서를 대신 써주는 일은 결국 포기했다(실제로 알아주지는 않았다).

공부를 재미있어하다니, 아이들이 하나도 안 똑똑하다면서 다 거짓말이네, 라고 생각할지도 모르겠다. 하지만 거꾸로 한번 생각해보자. 머리도 안 똑똑한데 공부마저 재미있지 않다면 과연 어떻게 공부를 잘할 수 있을까?

만약 당신의 아이가 그리 똑똑해 보이지 않는다면 당신이 가장 먼저 고민해야 할 부분은 '우리 아이에게 어떻게 하면 공부에 재미를 느끼게 할 수 있을까?'라는 질문이다. 그 질문의 답을 찾기 위한 방법부터 공부법은 시작되어야 한다.

“

공부의 재미는
어디서 올까?

——
”

공부의 '재미'는 과연 어디서 오는 걸까? 혹시 부모의 성급함이
아이가 공부에 재미를 느낄 시간을 빼앗아버리는 건 아닐까?

마당을 쓸겠다 마음먹었는데 누가 마당을 쓸라고 시키면 하
기 싫어지는 것처럼, 공부도 강요만 해서는 자기주도적 학습을
기대할 수 없다. 공부를 왜 해야 하는지 이유도 잘 모르는 아이
에게 억지로 혼자 앉아 공부를 하라고 하면 과연 그 공부를 좋아
할까?

그렇다면 마당을 쓸라고 시키는 게 아니라 마당을 함께 쓸어
보면 어떨까? 눈을 감고 아이와 함께 마당을 쓰는 장면을 상상
해보자. 어떻게 하면 마당을 잘 쓸 수 있을지, 아이와 함께 이렇
게도 해보고 저렇게도 해보면서 같이 실수도 하고, 내가 잘 쓰니

네가 더 잘 쓰니 옥신각신하다 보면 어느새 마당은 깨끗해져 있을 것이다. 내가 마당을 쓸고 있었는지, 놀고 있었는지 알 수 없을 정도로 즐거웠다면 그것보다 더 행복한 일이 있을까.

마찬가지다. 수학이 뒤처진 아이에게 문제집을 쥐여주며 무작정 풀라고 다그치기만 한다면 아이는 분명 그 순간을 벗어나고 싶어 할 것이다. 부모에게 고분고분한 아이라면 혼나는 게 무서워 책상 앞에 앉아 꾸역꾸역 문제를 풀 것이고, 자기주장이 강한 아이라면 등짝을 한 대 두들겨 맞고서야 책상에 앉아 눈물을 질질 짜며 문제를 풀 것이다.

이렇게 한번 해보자. 수학 문제를 아이와 같이 풀어보는 거다. 여기서 중요한 점은 수학 문제 풀이법을 알려주라는 게 아니다. 부모에게 좋은 선생님이 되라는 말이 아니다. 영어 선생님 자식들은 모두 영어를 유창하게 잘할 것 같지만, 꼭 그렇지만은 않다. 너무 영어를 잘하는 부모에게 주눅이 들어 오히려 영어를 싫어하게 되는 경우를 많이 봤다. 모르는 게 없는 '넘사벽' 부모보다는, 나처럼 아는 게 별로 없는 친구 같은 부모를 아이들은 더 좋아한다.

아이 앞에서 문제를 틀릴까 봐 미리 해답지를 보고선, 마치 처음부터 다 알고 있었다는 듯이 자존심을 부려봐야 아이들은 '우와, 대단한데!'라고 생각하지 않는다. 그저 '아, 정말 싫다. 언제

끝나지?'라며 이 순간이 빨리 끝나기를 바랄 뿐이다. 이런 아이의 태도에 참을성 없는 부모들은 꿀밤이나 한 대 주고, 자기 아이를 마치 물건 버리듯 학원에 맡겨버리기 일쑤다.

나는 차라리 해답지를 미리 보지 말고 아이와 함께 문제를 풀어보라고 권한다. 어려운 문제에 봉착해 끙끙대는 모습을 아이에게 보여주는 것도 좋고, 문제를 틀려 '비웃음'을 사도 좋다. 처음에는 아이의 웃음이 비웃음으로 여겨질 수도 있다. 하지만 그 웃음은 비웃음이 아니다.

자식에게 똑똑해 보이고 싶은 부모 마음이야 이해한다. 하지만 앞서 말했던 것처럼 정말 쓸데없는 자존심일 뿐이다. 내게 어려운 문제를 다른 사람도 어려워하는 모습을 보며 비웃는 아이는 없을 것이다. '아빠(엄마)도 모르는 문제였구나? 그럼 정말 어려운 문제네……, 내가 못 풀었던 이유가 있었네……'라는 생각을 하게 된다면, 아이는 공부의 재미에 한 발짝 다가갈 수 있을 것이다.

딸이 어려운 중·고교 수학 문제를 모른다며 나에게 알려달라고 할 때가 가끔 있다. 나는 그럴 때마다 수학 문제를 알려준다는 생각으로 문제를 푸는 게 아니라, 아이가 풀고 있는 문제가 얼마나 어려운지를 함께 공감해주고, 어떻게 하면 그 문제를 풀 수 있는지 실마리를 찾기 위해 고민하는 모습을 보여주려고 노력한다. 그렇게 하다 보면 실제 실마리를 찾는 사람은 내가 아닌 딸이 되는 경우가 대부분이다.

초등학생인 둘째 아이가 물어볼 때도 마찬가지다. 초등학교 문제다 보니 어려울 게 하나도 없어 보여도 나는 아이를 가르친다는 마음보다는, 아이의 눈높이로 내려가서 분수를 뒤집어보기도 하고 숫자를 이리저리 옮겨가면서 아이가 실마리를 찾을 때까지 설명하고 또 설명한다. 그래도 아이가 이해를 못 하면 아이가 좋아하는 방식으로 문제를 새롭게 만들어 설명해준다. 예를 들어, 사과와 배, 귤로 묘사된 수학 문제를 아이가 좋아하는 자동차, 트럭, 비행기 등으로 바꾸면 못 풀었던 문제도 곧잘 풀곤 한다.

이런 방식으로 하다 보면, 아이는 아빠한테 문제를 배운 게 아니라 스스로 답을 찾아냈다는 성취감을 느끼게 되고 더욱 수학을 재밌어하게 된다. 여기에 조금은 과도한 칭찬을 곁들인다면, 아이는 수학 문제 푸는 것을 마치 퀴즈대회에 나가 우승한 것처럼 즐기게 될지도 모른다.

"

루빅큐브를
아시나요

—
"

어느 날 인터넷을 보다가 루빅큐브를 맞추는 장면이 눈에 들어왔다. 공간지각능력이 좋아질 것 같아 큐브를 하나 사서 아이가 흥미를 보이는지 관찰했다. 물론, 둘째는 똑똑한 아이가 아니라서 그런지 흥미를 보이지 않았다. 그렇다고 포기할 내가 아니다.

나는 인터넷으로 큐브 맞추기 동영상을 검색했다. 큐브의 모든 면을 맞추려면 총 7개 공식을 외워야 한다는 걸 알았다. 공식 1개당 대략 7~8번씩 큐브를 돌려야 하니까, 7개 공식을 사용하기 위해서는 대략 40~50번 큐브를 돌려야 한다.

나와 아들은 머리가 안 좋기 때문에 하루아침에 모든 공식을 외우는 건 불가능해 보였다. 그래서 나는 하루에 공식 1개만을 외우기로 했다. 동영상을 수십 번 반복해 보면서 내가 먼저 공식을 외운 다음, 아이에게 가서 방금 배운 공식을 까먹기 전에 알려줬다. 당시 '닌텐도 Wii' 게임에 빠져 있던 아이는 아무런 관심도 보이지 않았고, 게임을 하고 있는 녀석의 뒤통수에 대고 큐브를 이리저리 돌려가며 유혹하는 나조차도 그 게임이 더 재미있어 보였다.

나는 두 번째 작전으로 아들에게 금전적 보상을 제안했다. 공짜를 좋아하는 아들의 특징을 노린 것이다. 아들이 공식을 1개 외울 때마다 1000원씩 주겠다고 약속한 다음, 첫 번째 공식을 외우자마자 1000원을 줬다. 하지만 내가 아들에게 큐브를 알려주며 지불한 금액은 그 1000원이 전부였다. 둘째 날부터는 더 이상 금전적 보상이 필요 없을 만큼 아들이 큐브에 재미를 들였기 때문이다.

그래도 나는 하루에 꼭 1개씩만 공식을 알려줬다. 내가 공식을 한 번에 못 외우는 이유도 있었지만, 기다림은 언제나 사람을 더 설레게 만들기 때문에 아이의 흥미를 꺼뜨리지 않기 위해서였다. 아들은 빨리 다음 날이 되기를 기다리면서 몇 번이고 첫 번째 공식과 두 번째 공식을 연습했다.

세 번째 공식부터는 나보다 더 빨리 외우게 되었고, 마지막 일곱 번째 공식은 스스로 터득해냈다. 지금은 초급 공식을 뛰어넘어 큐브를 30초 안에 맞출 수 있는 고급 공식까지 섭렵했다. 나아가 한 면의 조각이 16개인 4×4×4 큐브, 25개인 5×5×5 큐브, 49개인 7×7×7 큐브를 거쳐, 조각 크기가 서로 다른 미러 큐브와 정십이면체 형태인 메가밍크스 큐브까지 섭렵하고 있다.

아들이 자기 머리통보다 조금 작은 7×7×7 큐브를 맞추는 모습을 보고 주변 사람들은 "똑똑한 아들을 둬서 좋겠어요"라고 한다. 그럼 나는 혼자 피식 웃곤 한다. 우리 아들은 머리가 좋은 아이가 아니기 때문이다. 단지 다른 아이들과 차이가 있다면 단 하루 만에 큐브 공식을 외우고 다음 날 흥미를 잃어버리는 똑똑한 아이들과는 달리, 비록 조금 늦지만 끝까지 흥미를 잃지 않고 조금씩 어려움을 향해 스스로 나아간다는 점이다.

내 아들은 네 살까지 말을 못 했고 그때까지 기저귀도 차고 있었다. "이렇게 다 큰 녀석의 엉덩이에 기저귀가 달려 있는 건 처음 보네요"라며 놀라는 사람들도 있었다. 첫째에 비하면 둘째는 늘 느리기만 했고 항상 부족해 보였다. 이런 둘째의 머리가 좋지 않다는 것은 분명한 사실인 것 같다. 하지만 진부한 격언 중에 '똑똑한 이는 노력하는 이를 따를 수 없고, 노력하는 이는 즐기는 이를 따를 수 없다'는 말처럼 즐길 줄 아는 아이는 큐브도, 공부도 다 잘할 수밖에 없다.

보상을 줄 때
지켜야 할 원칙

대부분의 아이들은 자기가 왜 공부를 해야 하는지 모른다. 부모가 시키니까 할 뿐이다. 문제는 부모가 그냥 시키기만 한다는 것이다. 부모는 아이가 공부를 해야 하는 이유를 제시해줘야 한다.

물론 망각의 동물인 인간이, 더군다나 주의가 산만한 어린아이들이 공부의 이유를 알았다 하더라도 매일매일 다짐하고 실천하기는 힘들다. 그래서 부모는 아이들이 쉬지 않고 뛸 수 있도록 유인책을 마련해야 한다. 아이들이 살아온 세월보다 더 많이 살아봐야 알 수 있는 먼 훗날의 미래상이 아닌, 바로 눈앞에 보이는 인센티브(보상)를 줘야 한다.

나는 아이들이 성과를 냈을 때 즉각 보상해준다. 사실 내가 사용하는 방법은 특별할 것이 없다. 주위에서 많이 사용하는 방법이기도 하다. 어쩌면 우리 아이들에게만 잘 들어맞는 방법일 수도 있고(이 방법 덕분에 자녀가 인천국제고에 합격했다며 밥을 사준 직장 동료는 있었다), 교육학을 전공하는 사람들이 볼 때는 아이들의 인성을 망치는 아주 안 좋은 방법일 수도 있다. 혹여나 이 방법이 안 맞는다고 생각되면 적용하지 말기 바란다. 하지만 부작용이나 단점이 염려됨에도 불구하고 굳이 이 방법을 소개하는 이유는, 사람들이 잘못된 방법으로 사용하고 있어 이를 바로잡고 싶기 때문이다. 식당에서 아이가 안 보챈다는 조건으로 스마트폰을 쥐여주는 것은 잘못된 보상의 전형적인 예이다.

나의 방법을 단순하게 표현하자면 '금전적 보상'이다. 물론 꼭 금전일 필요는 없다. 아이가 원하는 다른 것으로 보상해줘도 좋다. '아이들에게 공부의 대가로 돈이나 쥐여주다니, 천박하기가 이를 데 없군'이라고 생각할지도 모르겠다. 하지만 『정의란 무엇인가』의 저자 마이클 샌델이 쓴 『돈으로 살 수 없는 것들』이란 책에도 이 방법이 소개돼 있다. '맨큐의 경제학 10대 기본 원리'를 설명하면서, 미국의 중·고교에서 독서를 하거나 성적이 오를 때 학생 또는 교사에게 현금으로 보상해주는 인센티브 제도가 긍정적 효과를 보였다는 연구 결과를 예시로 들고 있는 것이다.

성공적인 보상이 되려면 선결 조건이 하나 있다. 한번 정한 원칙은 어떤 일이 있어도 반드시 지켜야 한다는 것이다. 물론 조정이 필요할 때도 있지만, 그때도 부모 마음대로 이랬다저랬다 하는 게 아니라, 아이와 재협상을 통해 원칙을 조정하는 절차를 반드시 거쳐야 한다. 그럼 이제부터 본격적으로 내 아이를 유혹하는 방법에 대해서 설명해보겠다.

성공을 위한 보상 원칙 1) **스마트폰은 절대 NO!**

내가 만든 첫 번째 원칙은 '스마트폰 사용은 보상에서 무조건 제외'한다는 것이다. 스마트폰은 우리가 생각하는 것 이상으로 경계해야 할 대상이다. 유튜브는 미국의 한 대학생이 음란물을 쉽게 검색하기 위해 만든 플랫폼으로, 지금도 검색어 한두 개만 입력하면 어린아이들도 손쉽게 음란물을 접할 수 있다. 아이들 손에 스마트폰을 쥐여주는 순간 이런 콘텐츠의 수동적인 소비자가 될 수밖에 없다.

　스마트폰이 보상의 대상이면서 동시에 징벌의 대상이 되는 것도 문제다. 이렇게 되면 아이들은 스마트폰이 좋은 존재인지 나쁜 존재인지 혼동하게 된다. 설령 스마트폰이 나쁜 것으로 규정된다 하더라도, 선한 일을 했을 때 나쁜 것을 할 수 있게 용인해주는 것 자체가 문제다.

성공을 위한 보상 원칙 2) **아이와 협의하여 결정할 것**

두 번째 원칙은 '보상의 크기는 반드시 아이와 합의하여 결정'한 다는 것이다. 보상의 종류와 크기 모두 아이가 수용할 수 있도록 충분히 협의하고 협상해 결정한다. 보상에만 눈이 머는 일이 없도 록 공부를 두 배로 한다고 해서 보상이 두 배로 늘지 않게 한다.

이때 '부족함의 미학'이 큰 힘을 발휘할 수 있다. 평소 아이에 게 풍족하게 대해줬다면, 협상 때 부모가 쓸 수 있는 카드가 별 로 없다. 앞에서 언급한 인천국제고에 자녀를 입학시킨 직장 동 료도 이 방법을 적용하려고 하니, 아이가 그간 받은 게 너무 많 아서 보상으로 내걸 만한 게 없어 난감했단다. 결국 캐나다 어학 연수를 내걸어 수백만 원을 지출했다고 한다.

반면, 내가 첫째를 영어영재원에 합격시키는 데 들인 보상은 「이누야샤」 애니메이션 실컷 보여주기와 만화책을 사주는 게 전 부였다. 둘째는 레고를 좋아해서 수학경시대회 금상은 50만 원, 은상은 30만 원, 동상은 15만 원, 장려상은 10만 원짜리 레고 사 주기를 보상으로 내걸었다.

이렇게 매 순간 협상을 진행하다 보면 아이의 논리력이 향상 되는 부수적 이익도 챙길 수 있다. 아이는 자기가 수행해야 할 미션이 얼마나 힘든지, 얼마나 많은 시간을 할애해야 하는지 예 측하고 이를 설명해야 한다. 보상의 크기를 스스로 정하고 그 정도가 얼마나 적절한지를 또 설명해야 한다. 그릇된 논리를 내세우면 바로 공격을 받게 되고 아이는 다시 이를 방어해야 한다. 어떤 토론대회보다 더 효과적으로 아이의 논리력 향상에 도움을 줄 수 있다.

성공을 위한 보상 원칙 3) 결과가 아닌 과정의 보상

마지막 원칙이 있다. 그것은 '결과에 대한 보상'이 아니라 '과정에 대한 보상'을 해주는 것이다. 물론 결과에 대한 보상도 가능하다. 하지만 결과에 대한 보상만으로는 뚜렷한 효과를 내기 어렵다. 쟁취하고자 하는 목표가 멀리 있다면 아이들은 쉽게 그 목표점을 놓쳐버리고 만다. 아이들을 과대평가하면 안 된다. 만약 당신의 아이가 초등학교 저학년이라면, 한번 물었던 미끼를 또다시 무는 붕어쯤으로 생각해도 무방하다. 적어도 우리 두 아이들은 붕어와 비슷한 머리 수준을 가지고 있었다.

　수학에 흥미가 없었던 첫째는 중학교 1학년 때 『최상위 수학』(디딤돌) 문제집 풀기를 무척이나 싫어했다. 나는 평소 용돈을 받지 않던 딸에게 금전적 조건을 내걸었다. 한 문제당 500원씩 보상해주기였다. 하지만 문제 푸는 데 들인 공에 비해 보상이 적었던 탓인지, 일주일이 지나자 효과가 없었다. 나는 보상액을 늘리기로 했다. 한 문제당 1000원, 고난도 문제는 2000원을 보상해주기로 했다. 대신, 정답을 맞힌 문제에 한해서만 지급하는 조건을 달았다.

그제야 입질이 좀 오는 것 같았다. 딸은 문제를 마구 풀어대기 시작했다. 어려운 문제를 잡고 시간을 낭비했다간 자기가 벌어들일 수 있는 금액이 줄어들기 때문에 어려운 문제는 건너뛰고, 하루에 1만~2만 원씩을 받아 갔다. 그리고 며칠이 지난 후 자신이 풀 수 있는 문제가 동이 나자 그동안 건너뛰었던 고난도 문제를 다시 풀기 시작했다. 그렇게 한 달에 20만 원가량의 용돈을 받아 가며 딸은 수학에 재미를 붙였다.

이번에는 둘째 얘기다. 둘째는 수학에만 흥미를 보이고 영어 공부는 등한시해서 걱정이었다. 나는 게임을 좋아하는 아이의 특징을 이용하기로 했다. 스마트폰 게임의 중독성을 잘 알기에, 이보다 중독성이 낮은 게임이 필요했다. 무조건 못 하게만 하면 몰래 하는 게 아이들의 습성이다. 빠져나갈 구멍을 만들어놓고 쥐를 몰아야 하듯, 부모의 허락하에 정해진 시간만큼만 게임을 할 수 있도록 하는 게 중요해 보였다.

나는 그나마 중독성이 약한 게임을 고르고 골라 Wii 게임기를 장만했다. '부족함의 미학'은 여기서도 작동했다. Wii 게임기를 장만하기 위한 돈을 아이들이 전부 지불한 것이다. 아이들은 게임기를 사달라고 그동안 모아온 피 같은 돈을 내게 건넸다. 하지만 돈만 지불했다고 덜컥 게임기를 사줄 내가 아니었다. 나는 게임기를 사주는 대신 아이들이 지켜야 할 여러 규칙들을 정했다. 영어 문장 5개 외울 때마다 게임 30분, 동화책 한 권 읽을 때마다 30분, 수학경시대회 문제 10개 풀 때마다 30분, 이런 식으로 공부를 반드시 해야만 게임기를 켤 수 있는 조건을 내걸었다. 이렇게 우여곡절 끝에 구입한 Wii 게임기는 아주 폭발적인 효과를 냈다.

세상의 모든 길이 로마로 통하듯, 둘째의 모든 것은 'Wii'로 통했다. 둘째는 매일 영어 문장 5개를 외우고, 읽기 싫어하는 동화책 한 권을 읽으며, 수학경시대회 문제집을 풀면서 매일 1시간 30분씩 게임을 하고 있다. 그렇게 3년 가까이 습관처럼 반복한 지금, 둘째는 친구들에게 '게임의 신'으로 불리고, 옆에서 풍월을 읊은 나 또한 또래 친구들 사이에서 '게임 신의 아빠'로 불리고 있다.

이제 둘째는 과학수학 책보다 셰익스피어의 『말괄량이 길들이기』를 더 좋아하고, 오직 스스로의 힘만으로 성균관대학교 수학경시대회에서 장려상을 받을 수 있게 되었다. 최근에는 '닌텐도 스위치'라는 게임기를 사겠답시고 돈을 열심히 모으고 있는데, 초등학교 6학년생이 아무런 선행 수업도 없이 중등 과정 문제집 중에서도 제일 어렵다는 『에이급 수학』(에이급출판사) 문제집을 혼자만의 힘으로 풀어내고 있다.

"
시간을 아낀
아내

"

아내는 모성애가 강하고 1000원 한 장을 허투루 쓰지 않는 알뜰한 사람이다. 대학 시절, 아내는 사자 갈기 파마를 한 긴 머리카락을 휘날리며 학생식당 밥은 쳐다보지도 않는 풍족한 학생이었다. 그 시절, 아내를 처음 만났을 때는 나처럼 가난한 학생의 짝으로는 많이 버거워 보이기도 했다. 하지만 나와 함께하는 결혼 생활이 아내를 지지리도 궁상을 떠는 아주 평범한 아줌마로 바꿔버렸다.

딸아이가 네 살이었을 때, 아내는 변변찮은 내 수입 때문에 아이를 어린이집에 맡기고 다시 맞벌이를 할 마음을 먹게 되었다. 아내는 용기를 내어 딸의 고사리손을 잡고 집 근처 어린이집으로 갔다. 어린이집에 들어선 순간, 가파른 계단과 뾰족하게 튀어

나온 수족관 모서리, 아이들이 실수로 누르면 뜨거운 물이 금방이라도 쏟아져 나올 것 같은 정수기 등등 위험천만한 것들이 눈에 들어왔다. 아내는 '조금 덜 쓰고, 아이는 직접 키우리라'며 마음을 돌려먹고 다시 집으로 돌아왔다.

그 후부터 아내는 가계부를 쓰기 시작했다. 아이들 옷과 장난감은 주위에서 물려받았고, 어쩌다 새 옷을 살 때는 시즌 세일을 기다렸다가 잔뜩 사서 다음 해에 입혔다. 마트는 마감 세일을 할 때 맞춰 갔고, 외식도 거의 안 했다. 먹고 싶은 게 있으면 대부분 집에서 만들어 먹었다. 탕수육, 치킨, 아귀찜 같은 특별 요리는 내가 옆에서 거들었다.

그렇게 아내는 돈을 악착같이 아꼈다. 내 월급이 겨우 90만 원일 때조차 아내는 2년 동안 500만 원 가까이 모았다. 하지만 아내가 진짜 아낀 건 돈이 아니라 바로 아이들과 함께 놀아줄 수 있는 '시간'이었다. 아내는 그렇게 직장에 나가는 시간을 아껴 온전히 아이들에게 투자했다.

아내는 겨울 눈이 소복이 쌓이면 아무도 밟지 않은 눈밭으로 아이들을 데려가 뽀드득뽀드득 눈 밟는 소리를 느끼게 했다. 가을 낙엽으로 왕관을 만들고, 장마철에는 비옷과 장화로 무장하고 물웅덩이를 찾아다녔다. 봄이면 풀꽃으로 반지와 목걸이를 만들며 놀았다. 집 안에서는 국수가 부러지는 소리, 쌀알이 방바

닥을 튀고 구르는 소리 등을 듣게 했다. 밀가루를 반죽하게 하고, 냄비를 모아놓고 드럼을 치게 하고, 물감으로 손도장과 발도장을 찍고, 데칼코마니와 스크래치, 프로타주 같은 초등학교 시절에 배웠던 미술 기법들로 감성놀이를 해주었다. 커다란 택배 상자를 오려 싱크대 문을 만들고, 크레파스로 가스레인지도 그려 넣었다.

주위에서 학원도 다니지 않고 수월하게 공부하는 우리 아이들을 보면서 '머리가 똑똑하니까 그렇지'라고 생각하는 사람들이 많다. 그들의 말처럼 우리 아이들이 정말 똑똑해서 그럴 수 있다. 하지만 부인할 수 없는 사실 하나는, 그 똑똑함이 타고난 게 아니라 바로 만들어진 것이라는 점이다. 그 똑똑함은 나와 아내의 유전자로 만들어진 게 아니라 엄마의 관심과 애정으로 만들어졌고, 아내가 악착같이 아낀 시간으로 만들어졌다.

우리 집에
도깨비들이 다녀갔어요

큰애가 아직 학교에 들어가기 전이었을 때다. 직장으로 아내의
전화가 걸려왔다. 아내는 거의 울 것 같은 목소리로 "사기를 당
한 것 같다"며 안절부절못했다. 집 안에 있는 금붙이를 사기꾼들
에게 당해 몽땅 날려먹었다는 것이다.

퇴근 후 아내에게 자세한 이야기를 들어보니, 헌 청바지를
5000원에 산다며 초인종을 누른 사람들을 아내는 아무런 의심
없이 집 안에 들였고, 이게 웬 횡재냐며 여기저기서 옷가지를 꺼
내 오던 아내에게 그들은 값비싼 동화책을 반값도 안 되는 가격
에 주겠다며 집 안에 있는 금은보석들을 요구하기 시작했다. 아
내는 책을 싸게 주겠다는 말에 현혹되어 금붙이를 하나둘씩 꺼
내 오기 시작했고, 금붙이가 조금만 더 있으면 동화책 한 박스를

더 채울 수 있다는 말에 마치 도깨비에 홀린 듯 집 안에 있는 모든 금붙이를 내주게 되었다. 정신을 차려보니 그들은 이미 떠났고 동화책 세 박스만 덩그러니 남았다고 한다.

죄책감에 몸 둘 바를 몰라 하며 자초지종을 설명하는 모습을 보고 있자니, 그동안 아내가 아이에게 책을 못 사준 게 무척이나 한이 됐었던 것 같다는 생각이 들었다. 서점에 갈 때마다 동화책 전집을 살까 말까 고민하던 아내의 모습도 떠올랐다. 나는 순간, 금붙이와 맞바꾼 게 책이어서 다행이라는 생각이 들었다. 나는 아내에게 책을 아주 저렴하게 잘 샀다고 칭찬해주었다. 아이가 이 책을 안 읽으면 우린 사기를 당한 거지만, 아이가 잘 읽는다면 우리는 횡재한 거라고 아내를 다독였다.

그나마 다행인 건 금붙이와 맞바꾼 책들이 평소 아내가 서점에 갈 때마다 눈여겨보던 책들이라는 것이다. 책에 목말라 있던 딸은 그 책들을 무척이나 좋아했고, 읽고 또 읽고 또 읽었다. 동생이 태어나더니 동생도 읽고 또 읽고 또 읽었다. 그렇게 그 책들은 찢어졌고, 닳아졌다. 지금은 금붙이도 책들도 모두 사라졌지만, 대신 아이들 머릿속에 금은보화들이 잔뜩 들어 있는 듯하다.

지금 뒤돌아보니, 당시 우리 집에 다녀간 사기꾼들이 어쩌면 진짜 도깨비였을지도 모르겠다는 생각이 든다. 나쁜 도깨비가 아니라, 선한 사람의 소원을 들어주는 착한 도깨비 말이다. 가난했던 시절, 그 도깨비들이 아니었으면 우리는 그 많은 동화책을 살 엄두를 못 냈을 거다. 서랍 구석에나 처박혀 있었을 금붙이를 아이들 머릿속에 보석처럼 박아 넣을 수 있는 재주꾼은 아무리 생각해봐도 도깨비밖에는 없을 것 같다.

유치원과 책임감의
상관관계

유치원은 언제부터 다니면 좋을까? 빨리 보내는 게 좋을까? 늦게 보낼수록 좋을까? 아이한테 좋으니까 보내는 걸까? 아니면 엄마가 편해서 보내는 걸까?

첫째는 유치원을 여섯 살 때부터 다니기 시작했다. 딸아이가 도로 위를 달리는 노란 호랑이버스(유치원 버스)를 타보고 싶다는 말을 하고서야 유치원을 보내기 시작했다.

유치원 가는 첫날, 친구들을 따라 버스에 올라타고 나서야 엄마가 함께 타지 않는다는 사실을 알아차린 딸은 버스 바닥에 나뒹굴었고, 눈물범벅이 되어 다시 버스에서 내려야 했다. 딸아이와 아내는 마치 이산가족 상봉이라도 하듯 부둥켜안고 울었고, 그렇게 힘든 유치원 생활이 시작됐다.

이듬해 여름, 갑자기 공무원 시험에 합격한 나는 지방 발령을 받게 되었다. 딸아이는 다니던 유치원을 그만두고, 정든 동네 친구들과 헤어지게 되었다. 겨우 일곱 살 난 여자아이가 새로운 환경에서 새로운 유치원을 다니고, 새로운 친구를 사귀는 것은 여간 힘든 일이 아니었을 것이다. 그래서인지 딸은 새로운 유치원에 다니는 걸 원치 않았고, 아내와 나도 딸의 뜻을 따르기로 했다. 그렇게 딸은 남은 일곱 살을 엄마, 아빠, 동생의 얼굴만 보며 지냈고, 유치원 졸업 사진을 찍지 못했다.

둘째는 다섯 살 때부터 유치원을 다니기 시작했다. 그 무렵 영유아 무상교육이 처음 시행되었고, 왠지 유치원을 안 보내면 바보가 될 것 같은 분위기에 떠밀려 보내게 되었다. 군이 유치원을 보내야 할 이유를 찾지 못했던 아내와 나는 아파트 단지 내에 있는 유치원을 선택했고, 그마저도 아이가 가기 싫다고 하면 보내지 않아서 아이의 출석률은 형편없었다. 일주일에 한두 번 갔으려나.

집에서 유치원까지는 걸어서 10분이 채 안 되는 거리였지만, 둘째가 유치원을 가는 데에는 1시간 남짓 걸렸다. 이유 없이 하수구 구멍을 처다보고, 지게차가 아파트 재활용품을 다 실을 때까지 구경하고, 어느 날은 업어달라고 하고, 또 어느 날은 가다가 똥이 마렵다고 다시 집에 가고…….

아내는 이런 아이를 한 발짝 걷게 하기 위해, 자동차 번호판

숫자 더하기를 시켰다. 둘째는 아파트에 주차되어 있는 모든 차량의 번호판을 더하느라 늘 지각을 했다. 아마도 둘째가 수학을 재밌어하게 된 이유도 이 자동차 번호판 덕분이 아닐까 싶다.

사실 아이들이 어릴 때에는 응석에 못 이겨 유치원을 빼먹는 게 잘하는 것인지 걱정됐다. 주위에서는 아이들에게 책임감을 길러줘야 한다면서 유치원을 빼먹지 말라고 충고했다. 정말 그럴까? 내 경험으론 그 답은 'NO'이다.

우리 두 아이 모두 유치원을 밥 먹듯 빼먹었지만, 결코 무책임한 아이들로 자라지 않았다. 단 한 번도 학교 숙제를 빼먹지 않았고, 학교에서 말썽을 부리거나 무단결석을 한 적도 없다. 오히려 부모가 쉬라고 해도 아픈 몸을 이끌고 학교에 나갈 만큼 책임감 강한 아이로 자랐다. 다들 믿지 않겠지만, 방학 때만 되면 아이들은 빨리 학교에 가고 싶다며 개학을 손꼽아 기다린다.

그렇다면, 아이들의 책임감은 어디서 오는 걸까? 다니기 싫은 유치원과 학교를 억지로 다니는 게 과연 책임감일까? 부모가 가라면 가고, 오라면 오는 아이가 책임감 있는 아이일까? 무턱대고 아이를 유치원이나 학교로 내몰 게 아니라, 아이가 유치원이나 학교에 가겠다는 스스로의 다짐이 설 수 있도록 기다려줘야 한다. 친구가 좋아서든, 선생님이 좋아서든, 수업이 재미있어서든, 아이가 스스로 하고 싶어야 제대로 할 수 있다.

"

학원이
흔히 하는 거짓말

"

결혼 초, 아내는 학원 강사로 일했다. 초등수학을 전문으로 하는 당시 유명했던 프랜차이즈 학원이었다.

아내는 아이들 수준도 제각각이고, 노력하는 정도도 다 달라 수업 레벨 맞추기가 힘들다고 했다. 무엇보다 힘든 것은 일주일에 한 번씩 학부모들에게 전화하는 것이었다. 거짓말을 잘 못하는 아내는(가끔 새 옷을 사고도 오래전 옷이라고 예쁜 거짓말을 할 때도 있지만……) 학부모들을 거짓말로 대해야 하는 상황을 무척이나 어려워했다.

공부도 잘하고 노력도 하는 학생이야 어려울 게 없었지만, 그런 학생은 한 반에 한두 명뿐이었다. 열심히 노력하지만 학원 수업만으로는 성적이 오르지 않는 안타까운 학생의 부모에게도,

140

거꾸로 교육법

공부에는 도무지 관심 없고 분위기만 흐리는 학생의 부모에게도 모두 잘하고 있다고, 이대로만 계속하면 성적이 오를 거라고 거짓말을 해야 했다. 화장실에서 담배를 피우고, 친구들의 돈을 빼앗는 아이의 부모조차 아내는 안심시켜야 했다.

아내는 열심히 하는데 성적이 오르지 않는 아이들을 제일 안타까워했다. 그런 아이들을 위해 기초를 다시 다져주고 싶어했지만, 별도로 수업 시간을 빼기가 쉽지 않았다. 아내가 해줄 수 있는 것이라곤 단 5분의 눈 맞춤뿐이었다. 머리가 정말 비상한 아이들도 있었다고 한다. 부모가 조금만 관심을 쏟으면 분명 앞으로 치고 나갈 것 같았지만, 여전히 아내가 해줄 수 있는 건 단 5분간의 눈 맞춤뿐이었다.

아내와 나는 이런 기억 때문에 아이들을 학원에 보낼 수가 없었다. 학원은 아이들의 성적을 향상시키는 곳이라기보다는, 부모와 선생님의 통제에서 벗어난 사각지대에서 여러 학년이 뒤엉켜 선배로부터 후배가 못된 짓을 학습하고, 그 못된 짓을 맘껏 실천하는 곳처럼 보였다(물론 모든 학원이 그렇다는 것은 아니다).

학원을 한두 개만 보내도 한 달에 20만~30만 원은 훌쩍 넘긴다. 자녀가 둘이면 한 달에 보통 70만~80만 원을 학원비로 지출하고, 100만 원을 넘기는 경우도 주변에서 쉽게 찾아볼 수 있다. '과연 내가 지불한 학원비는 제 몫을 다하고 있는가?'

100만 원짜리 노트북을 샀는데 한 달도 안 돼 고장 났다면 가만히 있을 사람이 없을 것이다. 그런데 왜 제대로 작동하지 않는 학원에 대해서는 아무런 컴플레인을 걸지 않는 걸까? 내가 지불하는 학원비가 너무 적다고 생각해서? 그나마 아이가 학원을 다녀 현재 성적이라도 유지한다고 생각해서? 학원에 보내지 않으면 성적이 곤두박질칠까 봐 두려워서?

아이가 학원을 다녀도 성적이 오르지 않는다면, 학원을 그만둬도 성적은 떨어지지 않는다. 아이가 학원을 다녀 성적이 조금밖에 오르지 않았다면, 학원을 그만둬도 성적이 조금밖에 떨어지지 않는다. 학원이 무조건 안 좋다는 것은 아니다. 학원에 모든 것을 일임하고, 우리 아이 성적을 올려줄 것이라는 맹목적인 믿음만을 가지고 보내는 것을 지적하는 것이다.

아이가 문제를 깨치게 하려면, 부모의 세심한 관심이 필요하다. 이른바 줄탁동시(啐啄同時)다. 즉, 병아리가 알을 깨고 나오기 위해서는 알 속의 병아리가 안쪽에서 껍질을 깨뜨리고, 동시에 같은 부분을 어미 닭이 밖에서 쪼아 깨뜨려야 하는 것처럼 말이다. 게으른 어미 닭은 병아리를 볼 수 없는 것처럼, 아이를 학원에만 맡기고 방치하는 부모는 공부 잘하는 아이를 기대하기 어렵다.

모든 아이들이 학교에 다니지만 모든 아이들이 공부를 잘하는 건 아닌 것처럼, 내 아이가 학원에 다닌다고 해서 공부를 잘 하게 될 거라는 맹목적인 믿음은 일찌감치 버려야 한다. 공부는 스스로 하는 거고, 학원은 단지 아이를 도와줄 뿐이다. 학원이 모 든 걸 해결해주지는 않는다.

"
TV 사용
설명서
"

아이들 앞에서 TV 보지 않기는 세상에서 매우 어려운 일 중의 하나일지도 모르겠다. 하지만 아이를 키우려면 부모의 '절제와 인내'가 필요하다. '애들 앞에서는 찬물도 못 마신다'는 옛말이 딱 맞는다. 자기는 편안한 소파에 앉아 TV를 보면서 아이들에게 책을 읽으로고 윽박지르는 부모의 말을 들을 아이는 세상에 별로 없다.

우리 집 거실에는 TV가 있지만, 아이들 스스로 켜는 일은 없다. 스마트폰과 태블릿 PC도 언제든 만질 수 있지만, 가족 간의 긴 대화 시간이 언제나 이를 방해한다. 아이들은 TV 속 연예인들보다 가족들에게 관심이 더 많고, 게임 속 악당을 죽이기보다는 집에 있는 각종 보드게임과 체스로 엄마와 아빠를 이기려고 한다.

TV는 되도록 없애는 것이 좋지만, 현실적으로 어렵다면 우리 집에서 실천하고 있는 슬기로운 TV 사용법을 참고해보길 바란다.

1. 퀴즈대회 보여주기

우리 집 거실에는 게임용 TV, 안방에는 어디서 얻어 온 장식용 TV, 서재에는 영화와 다큐멘터리 관람용 빔 프로젝터가 설치돼 있다. 하지만 일반 가정과는 달리 TV가 항상 켜져 있지는 않다. 오락 프로나 드라마를 보지 않기 때문이다.

대신 우리 집은 EBS「장학퀴즈」나 다큐멘터리를 즐겨 본다. 「장학퀴즈」를 보다가 평소 알던 문제가 나오기라도 하면 서로 먼저 맞히겠다고 옥신각신 다투는 통에 온 집 안이 시끌벅적하다. 출제된 문제와 연관된 책을 가져와 살펴보기도 하고, 자신이 몰랐던 사실이 정답으로 발표되면 신기해하기도 한다.

아들은 어려운 경시대회 문제를 푸는 걸 재밌어하는데, 아마도 어렸을 때부터「장학퀴즈」를 봐와서 그런 게 아닌가 하는 생각이 든다. 딸은 전국에서 내로라하는 영재학교, 과학고, 자사고의 언니·오빠들을 매주 TV로 마주하면서 자연스럽게 그들을 롤모델로 삼게 되었다. 흔히 괴물들만 들어간다는 명문고 학생들도 놓친 문제를 어쩌다 자신이 맞힐 때면 '나도 할 수 있다'는 자

내 아이 공부하기

145

신감이 생기는 것 같다. 직접 스튜디오에 방청객으로 앉아 「장학퀴즈」를 본 적도 있는데, 이때의 경험은 수년이 지났음에도 아직아이들 머리에 생생하게 남아 있다.

2. 다큐멘터리 보여주기

다큐멘터리 보기는 내 아이를 공부 잘하는 아이로 만드는 매우저렴하면서도 아주 효과적인 방법이다. 특히 추천하고 싶은 다큐멘터리는 「EBS 다큐프라임」이다. 어려운 과학 문제에 쉽게접근할 수 있게끔 스토리를 재구성하고 원리를 그래픽으로 쉽게 풀어준다. 아인슈타인의 상대성 이론을 열 살짜리 꼬마도 이해할 수 있게 해줄 정도다. 수(數)와 관련된 다큐멘터리도 아주재미있게 봤던 기억이 있다. 실수와 허수, 원주율에 관한 이야기를 딱딱한 방정식이 아닌 당시 시대 배경과 수학자의 이야기로엮어, 아이가 숫자에 대해 보다 깊이 생각하게 된 계기를 만들어줬다.

KBS 「글로벌 다큐멘터리」는 주로 BBC의 「자연 다큐멘터리」를 우리말로 더빙해서 내보낸다. 인간의 무분별한 해양생물 남획으로 죽어가던 미국 몬터레이만을 세계 최초의 해양공원으로조성해 되살린 여성 해양학자 줄리아 플랫에 관한 이야기를 보고 감동받아 딸은 해양생물학자가 되겠다는 꿈을 갖게 됐다.

3. 명절 때는 TV 실컷 보여주기

우리 아이들은 외가와 친가를 무척이나 좋아한다. 명절만 되면 (외)할머니 댁에서 TV를 실컷 볼 수 있기 때문이다. 나도 이때만큼은 아이들이 하고 싶은 대로 내버려둔다. 아이들도 분명 감정을 가진 사람이기 때문에 스트레스를 풀어줘야 한다. 명절 때만큼은 그동안 못 봤던 「런닝맨」 같은 오락 프로그램을 쉴 새 없이 보면서 맘껏 웃게 한다.

TV를 한번 보여주기 시작하면 계속 보여주게 될까 봐 걱정하는 사람도 있다. 물론 우리 아이들도 다른 아이들처럼 한번 빠진 TV에서 쉽게 빠져나오지는 못한다. 하지만 외갓집을 떠나 고속도로를 타고 집을 향해 달리다 보면, 아이들은 마치 머나먼 여행지의 추억을 간직한 채 일상으로 돌아오는 어른들처럼 TV 속 장면들을 기억으로 간직한 채 다시 책과 공부에 빠져들게 된다.

아인슈타인과
안중근이 친구였어?

어느 날은 퇴근해보니, 거실 바닥에 위인진집이 줄을 지어 펼쳐져 있었다. 연유를 물어보니, 둘째가 위인전을 보다가 갑자기 누가 형이고 동생인지 궁금해 줄을 세우는 중이었다.

석가모니는 공자보다 73년 위고, 소크라테스는 공자보다 81년 동생이다. 그리고 예수는 소크라테스보다 466년 동생이다. 알렉산더대왕은 진시황제보다 97살이 많고, 광개토대왕은 진시황제보다 633년이나 아래다. 강감찬은 칭기즈칸보다 형이다. 이순신은 나폴레옹보다 형이고, 세종대왕은 뉴턴보다 형이다. 아인슈타인과 안중근은 친구인데, 안중근은 1910년 형장의 이슬로 사라졌고, 아인슈타인은 그 후 45년을 더 살았다.

독서의 중요성은 누구나 알고 있다. 다만, 자녀 독서를 어떻게 시켜야 할지 방법을 모를 뿐이다. 설령 방법을 알고 있을지라도 실천하기가 만만치 않다. 어떻게 하면 따분하기 그지없는 위인전을 읽게 할 수 있을까? 셰익스피어의 4대 비극에 어떻게 하면 빠져들게 할 수 있을까?

역시 답은 아무리 다시 생각해봐도 '재미'밖에는 없는 것 같다. 사실 요즘엔 독서 이외에도 정보를 습득할 수 있는 방법이 많다. 굳이 책을 읽지 않아도 된다. 오히려 책을 통한 지식 습득은 시간도 오래 걸리고 최신성도 떨어진다.

하지만 우리 아이들은 여전히 책을 많이 읽어야 한다. 더 정확히 말하자면 문자를 많이 읽어야 한다. 시험은(적어도 진학을 위한 시험은) 문자를 읽고 문자로 답하는 방식으로만 평가되기 때문이다.

하지만 아이들에게 이런 사실을 말해봤자 별 소용이 없다. 나부터도 책을 잘 안 읽는다. 책이 재미없기 때문이다. 재미있는 영화와 게임, 유튜브, 예능 프로들이 널려 있는데, 재미없는 책만 읽으라 하면 소크라테스가 살아 돌아온다 해도 불가능한 일이다. 그래서 책은 무조건 재미있어야 한다. TV나 게임보다 책이 더 재미있어야 한다.

만약 아이들이 이미 TV나 게임에 푹 빠져 있다면 강제력이 조금은 필요할지도 모르겠다. 아이들에게 매일 읽어야 할 책의 분량을 정해주고, 그 임무를 완수했을 때만 정해진 시간만큼 제한적으로 TV나 게임을 허용하는 것도 방법이다. 상대적으로 덜 재미있는 콘텐츠에만 노출되도록 하는 것도 좋은 전략이다. 예를 들어, PC 게임은 되지만 스마트폰 게임은 안 된다든지, TV는 볼 수 있지만 주말 예능 프로는 안 된다든지, 유튜브는 볼 수 있지만 관심 있는 스포츠 분야만 볼 수 있다든지.

"
서재형 거실 만들기
”

책 이야기를 꺼내니 할 말이 많아 다시 책 이야기를 이어간다. 주위에서 "우리 아이들은 책을 안 읽으려 해요", "대체 어떻게 하면 아이들이 책을 좋아하게 될까요?"라는 질문을 자주 듣는다.

　그런 집에 가보면 책이 아이들 방이나 별도의 서재에 진열돼 있는 경우가 많다. 책을 읽을 수 있는 환경이 마련되어 있지 않은 것이다. 아이가 책을 읽길 진정 원한다면 아이들이 뛰노는 곳곳미다 책을 놓아야 한다. 서재형 거실 만들기는 그 좋은 방법이 될 수 있다. 하지만 여기에도 조건이 필요하다.

　첫 번째 조건은 TV를 과감하게 거실에서 치우는 것이다. TV는 사람을 끌어당기는 마력을 가지고 있다. 아이들은 방구석 어딘가에 처박힌 TV라 할지라도 늘 보고 싶어 한다. 그 때문에 TV

는 방으로, 책은 거실로 나와야 한다. 영어 DVD는 방에서 봐도 되지만 책은 방에서는 읽을 수 없다.

두 번째 조건은 책장 안에 있는 책의 위치를 수시로 바꿔줘야 한다. 아이의 눈높이에 맞게 눈에 가장 잘 띄는 곳에 아이가 제일 좋아하는 책을 놓아두는 거다. 책장을 가득 메운 책들을 보며 부모는 뿌듯해할지 모르지만, 정작 아이들은 자신의 머리 위쪽과 무릎 아래쪽에는 무슨 책이 있는지조차 모르는 경우가 많다. 그래서 아이가 골고루 책을 읽기를 바란다면 책 위치를 주기적으로 바꿔줘야 한다.

세 번째 조건은 거실 바닥에 널브러져 있는 책을 치우지 않는 것이다. 서재형 거실은 깨끗하면 안 된다. 책도 깨끗해서는 안 된다. 거실 바닥에는 늘 읽다 만 책들이 펼쳐져 있어야 한다. 책장에 가지런히 꽂혀 있는 책보다 바닥에 펼쳐져 있는 그림을 보고 아이들은 책을 더 가까이할 수 있다.

네 번째 조건은 아이들이 싫어하고 잘 읽지 않는 책들을 죄다 버리는 것이다. 아이들이 책을 좋아하게 만드는 가장 좋은 방법은 부모가 읽히고 싶은 책이 아니라 아이가 좋아하는 책을 찾아주는 것이다. 어떤 부모들은 아이가 학습만화를 읽는 걸 싫어하기도 한다. 아이가 내용보다는 만화의 웃기는 장면이나 스토리에만 빠져 있다는 게 그 이유이다. 하지만 나는 학습만화도 괜찮다고 생각한다.

아이가 학습만화에 빠져 있다면, 그 아이는 학습만화보다 더 재미있는 책을 찾아 읽을 준비가 되어 있는 것이다. 아이가 책에 대한 흥미를 잃기 전에 하루라도 빨리 더 재미있는 책을 찾아줘야 한다. 아이에게 책을 무조건 권해줄 게 아니라 부모가 먼저 읽으며 우리 아이가 좋아할 만한 스토리를 가지고 있는지, 아이가 웃을 수 있는 장면들이 여기저기 담겨 있는지를 직접 확인하고 책을 선별해줘야 한다.

다섯 번째 조건은 책 읽는 부모의 모습을 보여주는 것이다. 아이들 앞에서 교양 있는 책을 읽는 게 너무나 힘들다면 낚시나 등산 같은 취미와 관련된 책이라도 붙잡고 있어야 한다.

여섯 번째는 부모가 아이 책을 먼저 읽고 아이에게 이야기를 들려주는 것도 좋은 방법이다. 기쁨을 나누면 두 배가 되듯, 책 이야기를 서로 나누다 보면 즐거움도 두 배가 된다.

성공하는 거실형 서재 만들기의 마지막 조건은 여러 수단을 동원했음에도 불구하고 아이가 여전히 책을 잘 읽으려 하지 않을 때 적절한 보상을 해주는 것이다. 주의해야 할 것은 그 보상이 책에 대한 흥미를 떨어뜨릴 수 있는 대체재가 되어서는 안 된다는 것이다. 책을 읽는 보상으로 TV 예능 프로를 보게 한다든가, 중독성이 강한 게임 또는 스마트폰 게임을 하게 하는 식의 보상은 절대 금물이다. 나 같은 경우에는 같이 퍼즐이나 보드게임을 하는 것을 보상으로 자주 활용하곤 했다.

"
꿩 먹고 알 먹는
도서관 나들이
”

서재형 거실을 아무리 잘 꾸며도 그것만으로는 한계를 느낄 때가 온다. 아이가 책을 꺼내 드는 횟수가 점점 줄고 서재에 놓여 있는 책들을 질려 할 때쯤이면 도서관을 활용해보자. 이때 부모가 책을 골라주기보다 아이더러 직접 책을 고르도록 하는 게 효과적이다. 아이는 자기가 직접 책을 골랐다는 생각에 몇 번이고 다시 읽게 된다.

하지만 어린아이를 데리고 매일 차를 운전해서 도서관에 가는 일이 말처럼 쉽지는 않다. 그래서 나는 도서관 옆으로 이사했다. 지역에 따라 도서관과 가까우면 집값이 조금 비쌀지 모르지만, 충분히 그 값을 하는 것 같다.

도서관이 슈퍼보다 가까우면 도서관 갈 때마다 아이를 씻기지 않아도 되고, 나 또한 모자만 눌러쓰고 가도 된다. 시간 날 때마다 놀이터 가듯 도서관을 다니다 보면 아이들은 책과 자연스레 친해지게 된다. 시간이 지날수록 아이들은 거실의 책보다 도서관의 책들을 더 좋아하게 되고, 어쩌면 더 이상 서재형 거실이 필요 없게 될 수도 있다.

참새가 방앗간 들르듯 도서관에 다니다 보면 그곳에서 다양한 프로그램이 운영된다는 사실도 알게 될 것이다. 가끔 무료로 연극 공연이 열리고, 독후감 쓰기 대회나 그림대회 또는 독서 골든벨 같은 행사도 열린다. 대회에 참가만 해도 다양한 사은품을 나눠준다. 아이가 대회에서 입상이라도 하면 가문의 영광이요, 선물은 두 손 가득이다.

우리 아이들은 해마다 도서관에서 주최하는 독서 골든벨에 나간다. 아이 혼자 출전한 적도 있고, 부모와 함께, 또 친구들과 함께 출전하기도 한다. 독서 골든벨을 핑계 삼아 부모와 아이가 같이 책을 읽고, 대회에서 나올 만한 문제를 같이 찾아보고 답을 맞히다 보면 자연스레 책을 두세 번 읽게 된다. 책을 꼼꼼히 읽는 습관이 생기는 것은 덤이다. 어느 해는 예선전을 통과해 인천 서구 도서관 연합 최종전까지 출전하여 대상 상금 30만 원을 받은 적도 있다. 책을 읽으면 나라에서 돈도 주는 아주 좋은 세상에서 살고 있는 것이다.

어릴 적부터 책을 많이 읽은 탓인지 딸은 책을 속독하는 습성이 강했다. 성인소설 한 권을 한두 시간 만에 읽을 정도였다. 하지만 속독은 책 내용을 제대로 숙지해야 하는 학습과 관련한 분야에서는 별다른 도움이 되지 않았다.

아내는 딸과 함께 독서 골든벨을 준비하면서 딸의 책 읽는 습관을 고치려고 노력했다. 당시 대상 도서가 우주 관련 과학도서와 아동소설이었는데, 아내는 태양계의 모든 행성 이름과 거리, 각 행성의 특징, 아동소설 주인공의 할아버지 이름부터 아주 소소한 사건에 이르기까지 모든 것을 딸아이와 함께 외웠다.

아내는 딸과 함께 대회를 준비하면서 책을 정독해서 읽는 모습을 몸소 보여줬다. 그렇게 해서 딸은 책을 꼼꼼히 읽는 습관을 들일 수 있게 되었다.

당시 아들과 나는 관중석에서 중간중간 이어지는 퀴즈를 맞혀가며 또 다른 재미를 느끼기도 했다. 이 대회에서 최고상을 수상한 경험은 우리 가족에게 행복한 추억이면서 딸아이에게 성취감을 맛보게 한 소중한 시간이었다.

영재가
별거야?

영재는
타고나는 게 아니라,
만들어지는 겁니다.

누구나 마음만 먹으면
영재가 될 수 있습니다.

"

내 아이,
영재일까 아닐까

„

언젠가 '영재 아이의 심리 상태'라는 특강을 들은 적이 있다. 강의에 따르면, 영재 아이는 대부분 집중력이 강하고 완벽주의자이며 내성적이고 대인관계를 힘들어한다고 한다. 나는 강의를 듣는 내내 우리 두 아이의 성격을 비교해가며 '과연 우리 아이들은 영재인가?'라는 고민에 빠졌다.

첫째는 덤벙대는 성격에 싫증을 잘 내고, 무언가에 집중해 있는 경우가 드물지만 내성적이며, 대인관계를 힘들어한다. 반면 둘째는 집중력이 강하고 완벽주의자적인 성격이지만, 외향적이고 대인관계가 아주 좋은 편이다. 두 아이 모두 영재인 것 같기도 하고, 아닌 것 같기도 하다.

영재 아이와 그렇지 않은 아이를 어떻게 구별할 수 있을까?

또래 아이들보다 일찍 말을 떼고, 빨리 한글을 터득한 아이를 보면서 많은 부모들이 '우리 아이도 영재인가?'라는 생각을 한 번쯤은 해봤을 것이다. 하지만 그런 기대와는 달리 과학고나 영재학교와 같은 영재교육기관에 입성하는 아이들은 전체의 1퍼센트 이내로 극히 드물다. 그 영특했던 아이들은 대체 어디로 사라진 걸까? 어쩌면 우리 아이들의 반짝이는 영재성은 부모들의 잘못된 교육법으로 점점 덮이고 가려져 더 이상 싹이 트지 못한 건 아닐까.

여기서 잠깐 천재, 영재, 수재의 차이점에 대해 짚고 넘어가자. '천재'는 두뇌의 능력이 선천적으로 뛰어난 사람을 말하며, 하늘이 내려줬다는 뜻의 하늘 천(天) 자를 쓴다. 영재와 수재는 둘 다 재능이 빼어난 사람을 뜻하는 말로, 빼어날 영(英) 자와 빼어날 수(秀) 자를 쓴다.

'영재'와 '수재'를 다시 엄밀히 구분해보면, '수재'라는 말은 중국 송나라 때부터 과거에 응시하는 선비 또는 일반적인 서생이나 글공부를 하는 사람을 칭하였는데, 요즘에 와서는 학교 공부나 시험에 뛰어난 사람을 지칭하는 말로 주로 쓰인다. 반면 '영재'는 교육심리학 용어사전에 따르면 '특정 분야에서 능력이 뛰어나 탁월한 성취를 보일 가능성이 있는 자'로, 지능이라는 단일 요인이 아닌 여러 요인에 의해 정의된다.

간단히 정리하면, 천재는 뛰어난 지능을 가져 모든 분야를 다 잘하는 사람이고, 수재는 책상에 앉아 공부만 잘하는 사람, 영재는 노력을 통해 특정 분야에서 재능을 보이는 사람으로 분류될 수 있다. 이렇듯 '천재'는 오직 하늘의 뜻이지만, '영재'는 부모의 노력으로 만들어질 수 있다.

다시 말해, 세상의 모든 아이들은 영재가 될 수 있는 잠재력을 가지고 있다. 다만 그 잠재력이 시간이 지날수록 도태되는 것뿐이다.

그럼 어떻게 하면 내 아이를 영재로 키워낼 수 있을까? 바꿔 말하면, 어떻게 하면 내 아이의 잠재력을 발굴해내고, 그 능력을 유지하게 할 수 있을까? 초등학교 2학년 때부터 영재 대비반(학원)을 보내야 한다는 사람도 있고, 무조건 독서를 많이 시켜야 한다는 사람도 있다.

하지만 내 생각은 좀 다르다. 내 아이를 영재로 만드는 방법은 내 아이가 가장 좋아하고 즐거워하는 것을 찾아주는 것이라 생각한다. 운동을 잘하는 것도, 피아노를 잘 치는 것도, 게임을 잘하는 것도 모두 영재이다.

아이들은 좋아하는 것을 잘한다. 잘하니까 좋아하는 것이다. 싫어하는 것을 억지로 시키지 말고, 못하는 것을 잘하라 질책하지 말고, 아이가 잘하는 것을 응원해주는 게 내 아이를 영재로 만드는 방법이고, 내 아이의 영재성을 발견하는 방법이다.

　내 아이가 영재인지 아닌지를 판단하려 하지 말고, 내 아이가 잘하는 것을 찾아 영재성을 발견하는 데 시간을 들인다면, 우리 아이들은 분명 훗날 영재가 되어 있을 것이다.

"

영재교육이
뭐지?

—

"

아이를 키우다 보면 언젠가는 '영재교육'이라는 단어를 듣게 된다. 교육 정보에 빠삭한 부모들이야 아이가 어릴 때부터 철저히 준비를 하겠지만, 그러지 못한 경우라면 그 말을 듣는 순간 분명 지나간 세월을 후회할 것이다. 나 또한 그랬다. '영재교육'에 대해 알고 나서야 왜 사람들이 겨우 초등학생인 아이에게 그 어려운 고등수학까지 선행을 시키는지 이해가 갔다.

니는 둘째가 초등학교 4학년이 되어서야 비로소 영재교육의 실체를 알게 되었다. 사교육에 의지하지 않고 집에서만 아이를 키우다 보니 정보가 상대적으로 많이 차단돼 있었다. 그래서 단위학교 영재학급을 수료하지 않으면 영재교육원에 지원 자체가 안 된다는 사실도 몰랐다.

한번은 이런 일이 있었다. 첫째가 초등학교 5학년이 되었을 때, 코어교실(2011년도부터 5년간 한시적으로 운영)과 영재학급 중에 하나를 선택해야 했다. 학부모 상담 때 고민을 말하니 담임 선생님은 "영재학급보단 코어교실이 나아요. 영재학급은 영재가 아닌 아이들도 많아서 수준이 많이 떨어져요"라고 했고, 우리 부부는 선생님의 말에 따라 딸을 코어교실에 보내게 되었다. 그 결과, 딸은 과학영재교육원에 지원조차 할 수 없었다.

　둘째는 첫째 때보다 사정이 낫긴 했지만, 준비가 너무 늦은 탓에 처음 도전한 인천대학교 과학영재교육원 초등심화 과정에서 보기 좋게 미끄러졌다. 나는 그제야 정신이 번쩍 들면서 영재교육에 대한 정보를 본격적으로 찾아다니기 시작했다. 다음은 내가 각종 법령집과 교육 사이트에서 얻은 정보를 요약한 것이다. 참고로 '영재교육기관'은 영재학교, 영재학급, 영재교육원으로 구분된다.

• 영재학교

영재교육을 위하여 영재교육진흥법에 따라 설립된 학교로, 가장 뛰어난 잠재 능력을 가진 전문 분야 영재를 대상으로 고등학교급에서 전일제로 운영되고 있다. 특이한 점은 영재학교는 초중등교육법을 따르는 일반적인 고등학교(특목·자사고 포함)가 아니라는 점이다. 그래서 영재학교는 초·중등교육법에서 시행하고 있는 학생 선발 규제에 적용을 받지 않기 때문에 특목·자사고와는 달리, 석차가 기록된 성적표나 지필고사로 학생을 선발할 수 있다.

• 영재학급

초·중등교육법에 따라 설립된 초·중등학교에 설치되어 영재교육을 실시하는 학급을 말하며, 특별활동, 재량활동, 방과 후, 주말 또는 방학을 이용한 형태로 운영되고 있다. 단위학교 내에서 독자적으로 이루어지는 '단위학교 영재'와 인근의 여러 학교가 공동으로 참여하여 운영되는 '지역공동 영재' 형태로 구분된다.

• 영재교육원

흔히 말하는 '영재원'은 '영재교육원'의 줄임말로, 대학·정부 출연 연구기관, 공익법인 등에서 설치·운영이 가능하다. 하지만 실제 운영되는 대부분의 영재교육원은 교육청 영재교육원과 대학 영재교육원으로 나눌 수 있으며, 정규학교 과정이 아니기 때문에 주로 방과 후, 주말 또는 방학을 이용하게 된다. 학교 수업 시간 중에도 당해 학교에 출석 인정이 가능한 형태로도 운영이 가능하다. 여기서 주의할 점은 많은 대학에서 '영재'라는 이름을 붙여 각종 프로그램을 운영하고 있으나 이는 관련 법에서 정한 정식 영재교육원이 아닐 수 있다는 것이다. 대학교 영재교육원은 반드시 '한국과학창의재단'에서 인가를 받은 기관이어야 한다. 각 지방 교육지원청에서 영재교육원 위탁을 대학교에 맡기기도 하는데, 이를 정확히 분류하자면 대학교에서 영재원을 운영하더라도 교육청 영재교육원으로 보는 게 맞는다.

각 영재교육기관에 대한 정보는 '영재교육 종합 데이터베이스'(https://ged.kedi.re.kr, 이하 'GED')에서 확인이 가능하다. GED는 영재교육 관련 정보를 한눈에 볼 수 있는 시스템으로, 2011년부터 운영되고 있다. 현재 대부분의 시·도 교육청에서 GED를 통해 영재교육 지원 및 추천을 받고 있다.

영재교육원은 거주 지역별 지원 제한이 있기 때문에 지역별로 어떤 영재교육원이 있는지, 모집 일시와 지원 자격을 사전에 반드시 파악하고 있어야 한다.

영재교육기관 현황

구분	영재학교·과학고		영재교육원		영재학급	계
	영재학교	과학고	대학 부설	교육청		
기관 수	8	20	80	256	2,085	2,449
비율	0.3%	0.8%	3.3%	10.5%	85.1%	100%
학생 수	2,504	4,327	10,311	33,218	55,778	106,138
비율 (영재교육)	2.4%	4.1%	9.7%	31.3%	52.6%	100%
비율 (학생 전체)	0.04%	0.1%	0.2%	0.6%	1.0%	1.9%

〈자료 출처: 2018 영재교육 통계연보〉

영재교육 분야별 비율 현황

구분	학생 수	비율	
수학	11,668	11.0%	74.7%
과학	14,688	13.8%	
수학·과학	52,935	49.9%	
발명	4,571	4.3%	25.3%
정보과학	5,390	5.1%	
외국어	1,678	1.6%	
미술	1,771	1.7%	
음악	1,938	1.8%	
체육	514	0.5%	
인문·사회	3,824	3.6%	
기타	7,161	6.8%	
계	106,138	100%	

〈자료 출처: 2018 영재교육 통계연보〉

"
아빠와 함께
TEPS를
"

우리 딸이 사교육 없이 영어영재교육원에 합격했다고 하면, 영어 공부를 어떻게 시켰는지 다들 궁금해한다. 우리 딸은 영어학원에 다닌 적이 없다. 대신 나는 딸과 함께 TEPS로 영어 공부를 했다.

처음 TEPS의 시작은 오로지 나를 위한 것이었다. 어느 새해 첫날, 매너리즘에 빠져 있던 몇몇 직장 동료들과 합심해 TEPS를 공부하기로 하고, 일정 금액을 각출해 사이버 강의를 신청했다. 하지만 작심삼일이라는 말이 무색하게 얼마 안 가 우리들의 원대한 포부는 온데간데없이 사라지고, 아직 만료되지 않은 사이버 강의 수강권과 교재들만 덩그러니 남았다.

나는 꺼져가는 의지를 되살려보고자 아내와 딸에게 TEPS를 같이 공부하자고 제안했다. 사이버 강의는 중급반이어서 초등 6학년 딸이 따라가기엔 불가능해 보였다. 그래서 나는 딸에게 유인책으로 매 수업을 함께 들을 때마다 2000원씩을 주기로 약속하고, 첫 문법 파트 수업을 시작했다. '과연 될까?'라는 의구심마저 들지 않을 정도로 정말 장난삼아 시작했다.

수업은 진도가 상당히 빨랐다. 중요한 것만 짚어주고 바로 다음 단계로 넘어갔다. 언제 시작했는지도 모르게 한 달 만에 모든 문법 강의가 끝났다. 그렇게 오래 공부했음에도 손에 잡히지 않던 영어 문법이 단 한 달 만에 정리되는 듯했다. 어려운 부분은 반복해서 다시 들었다. 헷갈리는 부분은 누가 맞는지 서로 따져보며 아내와 딸과 셋이서 함께 문법을 정리해나갔다.

연습 문제를 풀 때는 경쟁 심리도 생겨났다. '이번에는 내가 1등 해야지'라는 생각으로 다 같이 연습 문제를 열심히 풀어나갔다. 처음엔 꼴등만 하던 딸이 어느 날엔 2등도 하고 어떨 때는 1등을 차지하는 모습을 보면서, 아이의 실력이 단기간에 확 치고 올라가는 것을 느낄 수 있었다. 그렇게 약 3개월 후에는 독해, 어휘, 청해 파트까지 모든 사이버 강의를 끝낼 수 있었다.

딸과 함께 TEPS 공부를 하면서 깨달은 점이 하나 있다. 막 출발점을 내딛는 아이에게 저 멀리 결승선 앞에서 외쳐대는 부모의 응원은 아무런 도움이 되지 않는다는 것이다. 아이가 달리기를 할 때는 부모도 옆에서 함께 뛰어줘야 한다. 아이가 넘어지지 않도록 옆에서 손도 잡아주고, 응원도 해야 한다. 코치가 선수를 대하듯 이래라저래라만 해서는 내 아이를 국가대표로 만들 수 없다. 코치가 되기보다는 러닝메이트 역할을 할 때 아이의 능력은 극대화된다.

"

영어영재원
도전

—

"

어느 학교나 괴물 같은 아이들이 한 명쯤 있다. 누구도 범접하지 못할 만큼 공부를 잘하는 아이들 말이다. 딸이 다니던 중학교에도 마치 절대반지의 소유자처럼 한 번도 1등을 빼앗긴 적이 없는 그런 대단한 아이가 있었다. 다행히 딸보다 한 학년 높았지만, 공부를 어찌나 잘했던지 전교에 소문이 파다했다. 모든 시험에서 전 과목 100점을 받고, 인천광역시 교육청 영어영재교육원을 다니는 아이였다.

　동네 아줌마들 사이에서도 그 아이는 단연 화제였는데, 그 애 아빠가 외국계 회사 직원이라 외국 출장을 밥 먹듯 다녀서 아이랑 아빠가 영어로 일상 대화를 나눈다는 소문이 내 귀까지 들려왔다. 처음 소문을 접할 때만 해도 영어영재원은 그런 특별한 아이만 들어갈 수 있는 곳이라 여겨졌고, 나와는 거리가 먼 동화 속 이야기처럼만 들렸다.

당시 딸은 초등학교를 막 졸업하고 중학교 반 배치고사를 앞두고 있었다. 반 배치고사에서 전교 1등을 하면 입학식 날 학생 대표로 선서를 한다는 소문이 돌았다. 다들 반 배치고사에 열을 올리고 있다는 소문에 아내도 자극을 받아, 남들보다 좀 늦게 문제집을 사 와서 대열에 합류했다.

그러나 막상 뚜껑을 열고 보니 반 배치고사 만점자는 7명이나 되었고, 한 문제를 틀렸던 딸은 별 주목을 받지 못한 채 중학교에 입학했다. 학기 중에는 틈틈이 영어 말하기 교내 대회도 참가해봤지만 쟁쟁한 실력자들 앞에서 주눅만 들었을 뿐, 아무런 소득도 올리지 못했다. 그렇게 딸아이는 점점 평범한 아이로 동화되고 있는 듯했다.

점점 뒤로 밀리고 있는 딸을 어떻게든 흔들어 깨워야겠다는 생각이 들었다. 첫 중간고사 기간이 다가왔고, 반 배치고사의 성적을 만회하려는 듯 아내와 딸은 처음으로 공부라는 것을 시작했다. 아내는 아이들을 등교시킨 후 혼자 있는 시간에 시험공부를 했다. 자신이 중요하다고 생각하는 부분을 체크해 딸에게 외우도록 했다. 아내가 문제를 내면 딸은 자신이 외운 것들을 답하는 식으로 점검해나갔다. 옆에서 보고 있는 나는 대체 누가 시험을 치르는지 헷갈릴 정도였다. 그리고 딸은 전교 6등이라는 첫 중간고사 성적을 거두었다. 기말고사도 같은 과정을 반복해 전교 3등을 차지했다. 사실 이 성적은 딸이 거둔 것이라기보다는 아내가 이루어낸 것이라 해도 과언이 아닐 정도였다.

간신히 딸을 정상 궤도에 올려놓은 상황에서 2학기를 맞이하게 되었다. 그러나 그해는 공포의 자유학기제가 처음 도입된 해였고, 딸은 고삐 풀린 망아지처럼 여기저기 쏘다녔다. 비즈 공예와 바리스타 과정을 수강했으며, 직업 체험을 한답시고 요구르트 공장을 견학한다는 말에 나는 교육 당국이 원망스럽기까지 했다. 어렵게 다잡아놓은 딸을 자유학기제가 다시 망쳐놓고 있는 것 같았다.

그렇게 힘든(부모 입장에서, 아이는 정반대였을 테지만……) 자유학기제가 끝나갈 무렵, 복도를 지나던 영어 선생님이 딸에게 영어영재원에 지원해보라는 제안을 했다. 딸은 이 사실을 여느 때처럼 밥을 먹다가 지나가는 말처럼 꺼냈고, 나 또한 그 말을 그냥 흘려보냈다. 아마도 영어영재원은 괴물 같은 특별한 애들이 다니는 곳으로 인지하고 있기 때문이었을 것이다. 나는 그 애 아빠처럼 외국을 밥 먹듯이 나가지도 않았고, 딸은 영어학원 한 번 다녀본 적도 없었다. 영어 공부라곤 어렸을 때 잠들기 전 아내가 읽어준 영어 동화책 몇 권과 TEPS 강의(사이버)를 한 차례 수강한 정도가 전부였다.

그럼에도 불구하고 나는 아이에게 한번 해보자고 빈말을 던졌다. 승산이 없는 게임인 것은 알고 있었지만 철없이 놀고만 있는 딸에게 다시 공부를 시킬 수 있는 좋은 기회가 왔다는 생각에서였다. 어쩌면 13년 가까이 딸을 키워오면서 그토록 엿봤던 기회가 온 것일 수도 있다는 생각이 들었다. 바로 딸의 머릿속에 영어를 마구마구 집어넣을 수 있는 그런 순간 말이다.

"
영어영재원
합격

"

인천에는 134개 중학교에 7만 5000여 명의 중학생이 재학하고 있다(2017년 기준). 한 학년에 대략 2만 5000명이 다니는 셈이다. 인천교육청 영어영재교육원은 매년 국내 수학자 30여 명과 국외 수학자(1년 이상 외국 체류자) 30여 명을 선발한다. 인천 중학생의 약 0.2퍼센트만이 들어갈 수 있는 숫자다. 2개 학교당 1명도 채 선발되기 어려운 조건이다. 그렇다 보니 각 학교는 국내 수학자 1명(7학급 이상인 학교는 2명)과 국외 수학자 1명으로 지원자 수를 제한하고 있었다. 딸의 중학교에서는 이 추천자를 선발하기 위해 자체 시험을 치렀다. 딸과 나는 서술형으로 시험이 출제될 거라는 정보만을 가지고 시험을 준비했다.

나는 오랫동안 책장 속에 묵혀났던 TOEFL writing 책을 꺼내 딸을 지도했다. 영작문을 쓸 때 서론에서 사용하는 주요 숙어들과 본론에서 자신의 주장을 펼 때 사용하는 숙어들, 그리고 역접을 통해 강조하는 문구, 마지막 결론을 내릴 때 사용하는 표현 어구들을 우선 외우게 했다.

딸은 군소리 없이 내 지시를 잘 따라주었다. 100여 개에 달하는 숙어를 모두 외운 후에는 책에 수록된 주제별로 찬반 의견을 작성하게 했다. 문장은 되도록 아는 단어들로만 작성하게 하고, 미리 외워뒀던 서론 시작용 숙어들과 역접을 통한 강조, 결론을 내릴 때 주로 사용되는 숙어들을 가능한 한 많이 사용하도록 했다.

딸이 작문을 마치면 내가 첨삭을 해주는 방식으로 지도해나갔다. 사실 나는 누군가의 영작문을 첨삭해줄 만큼 영어 실력을 갖춘 사람은 아니지만, 딸이 외운 표현들을 얼마나 많이 사용했는지, 적절하게 사용했는지, 글이 매끄럽게 읽히는지 정도는 초보적인 수준에서 확인할 수 있었다. 한 달간의 짧은 준비 시간이 흘러갔고, 아이는 교내 선발 시험을 치르게 되었다. 딸이 다니는 중학교는 규모가 크다 보니, 국내 수학자 2명과 국외 수학자 1명을 뽑게 되었다.

시험문제는 마치 행운의 여신이 손짓이라도 하듯, 그동안 연습해왔던 방식과 동일한 유형으로 출제되었다. 딸은 연습했던

대로 순탄하게 답안지를 작성할 수 있었다. 하지만 합격을 자신할 수는 없는 상황이었다. 국외 수학자와 국내 수학자를 별도로 선발하긴 하지만, 국내 수학자라 할지라도 1년 미만의 어학연수를 다녀온 학생들이 많았고, 무엇보다 경쟁률이 10 대 1이었다.

그런데 일주일 후 합격자 명단에 딸의 이름이 올라왔다. 영어 선생님은 딸을 불러 "출제 의도대로 답을 쓴 사람은 너밖에 없다"며 칭찬을 아끼지 않았다고 한다. 수도권에 살고 있어서 영어유치원을 나온 아이들, 초등학교 때부터 TOEFL 학원을 다닌 아이들, 사립초등학교를 나온 아이들을 주위에서 쉽게 찾아볼 수 있었다. 딸이 다니던 중학교는 나름대로 특목고(자사고) 입시 성적이 좋아 일부러 이사를 오는 사람도 많았고, 그렇다 보니 학부모들의 열성도 주변 학교들보다 높은 편이었다. 이런 상황에서 딸의 합격 소식은 마치 기적처럼 느껴졌다.

딸이 거둔 결과가 기적이 아니라면 이는 어쩌면 우리가 그토록 맹신했던 사교육(영어유치원, 영어학원, 어학연수 등)의 허상이 증명된 한 사례가 될지도 모르겠다. 그토록 오랜 기간 사교육에 의지하며 낭비해버린 돈과 빼앗긴 소중한 시간들, 그리고 기대감들이 과연 적절했는지 의구심이 든다.

합격자 명단을 확인하자마자 딸과 나는 본격적인 본선 라운드 준비에 돌입했다. 본선 1차 시험은 영어 지필시험과 국문으로 된 영재성 테스트로 진행된다고 했다. 사실 예선을 운 좋게 통과하긴 했지만, 본선은 정말 자신이 없었다. 하지만 영재원에 도전한 목적이 합격이 아닌 '공부' 그 자체였기 때문에, 딸과 나는 욕심을 버리고 1차 시험을 담담하게 준비하기로 했다.

나는 자체 선발 시험 때와 마찬가지로 TOEFL 책을 활용하기로 했다. 서점에 들러 TOEFL reading 책을 사 와서 딸에게 문제를 풀게 했다. 하지만 이것은 나의 오판이었다. 난생처음 본 단어들이 반 이상을 차지하는 지문들과 해설을 읽어봐도 뭔 말인지 알아들을 수조차 없는 수준 높은 내용을, 겨우 중학교 1학년인 딸은 따라가질 못했다. 공부를 시작한 지 단 하루 만에 바로 포기해버릴 기세였다.

나는 다시 서점으로 달려가 수능 독해 문제집을 사 왔다. 처음 접하는 수능 문제가 여전히 어렵긴 했지만, 딸아이는 한 달가량 꾸준히 문제를 푼 결과, 끝에 가서는 70퍼센트 정도는 답을 맞힐 수 있는 수준에 이르렀다.

1차 시험은 인천교육청으로부터 영재교육을 위탁받아 실제 운영하고 있는 인천 미추홀외고에서 치러졌다. 시험 당일 고사장에 도착하고 보니, 먼저 온 학부모들이 교문 앞에 다닥다닥 붙어 있는 모습이 마치 수능 시험장을 방불케 했다. 학부모들의 얼굴은 긴장과 근심으로 가득 차 보였고, 우리 부부 또한 같은 얼굴을 하고 교문에 매달렸다.

시험이 종료되고 딸이 차에 올라타자마자 나는 딸에게 시험 유형을 물어봤다. 이번에도 운이 좋았던 것일까? 다행히 영어 시험은 독해 위주로 출제되었고, 난이도는 수능 문제와 유사하거나 다소 쉬운 문제들이 출제되었다.

며칠 후 1차 합격자가 발표됐다. 이번에도 기적같이 딸의 이름이 명단에 포함되어 있었다. 하지만 함께 시험을 봤던 같은 학교 2명의 친구들은 명단에서 찾아볼 수 없었다. 캐나다에서 3년 가까이 살았던 친구가 떨어진 걸 보고는 행운만으로 딸이 합격자 명단에 오른 건 아닐지도 모르겠다는 생각이 들었다.

2차 시험은 면접 방식으로 진행됐는데 1 대 1 면접 방식이 아닌, 학생들이 실제 영어 토론을 진행하는 방식이었다. 토론 중간에 7명의 감독관들이 채점지를 들고 돌아다니며 아이들의 발표 실력과 수업 참여도, 학습 태도 등을 평가하는 방식으로 진행됐다.

토론은 한 명씩 돌아가며 교단 앞에 나와 주어진 주제에 대한 자기 생각을 영어로 발표히면, 자리에 앉아 있는 학생들이 발표자의 주장에 대해 논리적 오류나 비약을 찾아 공격하고, 발표자는 다시 이에 반박하면서 토론하는 방식이었다. 말로만 들어도 숨이 막힐 것 같은 평가 방식에, 딸과 나는 더 이상의 꼼수도, 행운도 기대하기 어려워 보였다. 하지만 우리는 어떻게든 해보는 수밖에 없었다.

　나는 딸에게 자체 선발고사 때 적어놨던 영작문을 소리 내어 읽게 했다. 딸의 글에서 논리적 오류를 찾아 내가 질문하면 딸은 다시 논거를 들어 방어하는 방식으로 연습해나갔다. 나는 우리말로 공격하고 딸은 영어로 방어했다. 내가 공격한 말의 오류를 찾아 딸은 다시 영어로 나를 공격했다. 그렇게 계속 우리말과 영어를 서로 주고받으면서 딸을 훈련했다.

　글을 써놓고 보니 마치 대단한 광경처럼 비칠지도 모르겠지만, 실제 현실은 매우 참담했다. 나의 공격에 딸은 머릿속으로 영어 문장을 만들고 입으로 내뱉는 데 무적이나 오랜 시간이 걸렸다. 마치 286 컴퓨터와 대화하고 있는 듯한 느낌이었다. 문장의 완성도도 매우 엉성했고, 길이도 매우 짧았다.

　하지만 연습이 반복될수록 자신의 생각을 입으로 내뱉는 속도가 점점 빨라졌고, 문장의 길이도 조금씩 길어지기 시작했다. 하루가 다르게 성장하는 모습을 보고 있자니 딸의 언어감각이 정말 뛰어나다는 생각이 들기도 했고, 눈앞의 장벽을 뛰어넘기 위해 내면에 감춰져 있는 능력을 끄집어내고 있는 딸의 모습이 멋있어 보이기도 했다.

　그렇게 딸의 가능성을 확인한 것만으로도 흡족해하는 가운데 마지막 2차 토론 면접일이 다가왔다. 꿀 먹은 벙어리만 되지 않기를 바라면서, 자존심이 망가지는 일은 일어나지 않기를 바라면서, 딸은 시험장에 입실했다.

국외 수학자 24명과 국내 수학자 60명을 구분 없이 3개 반으로 나눠, 토론 수업을 세 차례나 실시했다. 수업별로 다른 원어민 선생님들의 참관하에 서로 다른 주제에 대해 각 모둠으로 나눠 찬반 토론을 진행했다. 6시간 가까운 토론 면접시험을 마치고 나온 딸의 표정이 밝았다. 수업이 매우 재미있었다는 말과 함께 입가에는 웃음을 머금고 있었고, 처음으로 "시험에 붙으면 좋겠다"는 말을 했다.

딸은 토론 수업 초반에 국외 수학자들의 높은 영어 실력에 주눅이 들었다고 한다. 처음에는 영어 한마디 입에서 뗄 수 없었지만, 수업에 점점 빠져들면서 월등해 보이기만 했던 아이들의 실력이 그저 듣기 좋은 발음과 조금은 자연스러운 억양 덕분일 뿐, 자신과 별반 다르지 않은 짧은 문장과 쉬운 단어만을 구사한다는 사실을 금세 알아차리게 되었단다.

딸은 이후 자신감을 얻었고, 면접장은 더 이상 평가를 위한 시험장이 아닌 재미있는 토론 수업처럼 느껴져 그 누구보다 강하게 수업에 몰입할 수 있었다. 그리고 결국 최종 합격을 이끌어낼 수 있었다.

최종 합격자 발표가 있고 며칠 후 예비소집이 있었다. 예비소

집은 약 일주일간 진행되었고, 발음과 영어 표현 등을 교정하는 수업이 이뤄졌다. 딸은 그 일주일 동안 마치 애벌레가 번데기로 변태하고 다시 나비로 바뀌어가는 것처럼 순식간에 영어 실력이 쑥쑥 늘었다. 이후 본격적으로 영어영재원에 다니면서 나무 위를 기어 다니는 듯했던 영어 실력은 어느덧 하늘을 훨훨 날게 되었다. 그렇게 2년이 흘러 영어영재원을 졸업한 지금은 큰 양쪽 날개에 양력을 받아 더 이상 날개를 퍼덕이지 않아도 가뿐하게 하늘을 활공하는 앨버트로스처럼 그렇게 멀리 날아가고 있는 듯하다.

"

성균관대
수학경시대회 도전

"

이번에는 둘째 이야기다. 둘째 아이가 초등학교 2학년일 때, 같은 직장에서 자식 교육을 잘하기로 유명한 상사와 식사를 한 적이 있었다. 그분은 학군이 좋기로 소문난 평촌에 살고 있었는데, 첫째 애가 평촌에서도 상위 1퍼센트만이 들어갈 수 있다는 명문학원의 최상위반을 다니고 있었다. 그 아이가 당시 초등 6학년이던 딸과 동갑내기여서인지, 자식 자랑이 배어 있는 이야기에 나도 모르게 딸과 그 아이를 비교하는 마음을 다잡을 수 없었다.

상사가 들려주는 치열한 교육열 이야기 중에서도 특히 수학경시대회 이야기가 무척이나 흥미로웠다. 가장 쉬운 해법수학경시대회부터 가장 어려운 성균관대학교 수학경시대회까지 수많은 경시대회들이 해마다 열리고, 수많은 학생들이 그 대회를 준비하기 위해 수학 전문 학원에 다니고 있다는 사실을 그제야 처음 알게 되었다.

어쩌면 그 이야기가 아내와 내가 '베타맘'에서 '알파맘'으로 전환하게 된 계기였을지도 모르겠다. 그 상사는 대화 끝 무렵 '성균관대학교 수학경시대회'는 평균 점수가 20~30점 정도밖에 안 나오기 때문에 아이들의 자신감이 떨어지기 쉽고 수학을 질려 할 수 있으니, 제일 쉬운 '해법수학경시대회'부터 먼저 준비해보라고 조언해주었다. 나는 아내에게 회사에서 들은 이야기보따리를 늘어놓으며 둘째 아이도 수학경시대회를 한번 준비시켜보자고 제안했고, 이야기가 끝나자마자 서점으로 달려갔다.

나는 무슨 자신감이었는지 모르지만, 난도가 높은 성균관대학교 수학경시대회에 필요한 책을 사 왔다. 『영재사고력 수학 1031』(시매쓰출판)이라는 문제집이었는데, 수 연산, 도형 측정, 규칙 논리, 확률과 통계 등 네 개 분야로 나뉘어 있었고, 초급, 중급, 고급의 3단계가 있었다. 우선 나는 초급 문제집 네 권을 골라왔다. 처음부터 무리라는 것은 알고 있었지만, 늘 그래왔듯이 수준 높은 책을 아이 눈에 잘 띄도록 주변에 놓고 아이가 받아들일 수 있는 순간을 포착한 다음, 바로 그 순간 책을 빨아들이게 할 속셈이었다.

하지만 이 기술이 언제나 통하는 것은 아니었다. 문제집에 나와 있는 문제들을 훑어보니, 나 또한 난생처음 보는 문제들로 가득 차 있었다. 아이는 단 한 문제도 스스로 풀지 못했고, 나 역시 단 한 문제도 아이에게 설명해줄 수가 없었다.

나는 아이를 공부시킬 방법을 찾기 위해 머리를 굴리기 시작했다. 역시 둘째를 설득하는 방법은 게임밖에는 없어 보였다. 10문제를 풀 때마다 Wii 게임을 30분씩 할 수 있게 해주기로 제안했고, 둘째는 흔쾌히 수락했다. 방과 후 수업으로 주산을 배워서인지 둘째는 그나마 '수 연산' 분야는 쉽게 풀어나갔다. 그걸 보고 나는 바로 성균관대학교 수학경시대회에 지원서를 제출했다. 의외로 일이 수월하게 풀리는 것 같았다.

문제는 그다음부터였다. 아이가 '도형 측정' 분야로 넘어가는 과정에서 갑자기 멈춰버린 것이다. 그도 그럴 것이 문제가 너무 난해하고, 해답지를 봐도 도저히 무슨 말인지 못 알아먹는 게 태반이었다. 나는 멈춰 서 있는 아이를 그냥 지켜볼 수밖에 없었다. 억지로 물을 마시게 하다가 오히려 도망칠까 봐 두려웠기 때문이다.

그런 답보 상태에서 처음 성균관대학교 수학경시대회에 나갔다. 결과는 40점, 가까스로 평균 점수를 넘겼다. 성적표 분석 결과를 보니 '수 연산' 분야는 만점을, 다른 분야는 0점에 가까운 점수를 받았다. 첫 소득치곤 나쁘지 않은 점수 같았다. 연신 잘했다는 칭찬으로 아이를 기쁘게 했다. 아직 넘어야 할 '도형 측정', '규칙 논리', '확률과 통계'가 남아 있었기 때문에 과도한 칭찬으로 아이를 달래보고자 했던 것이다.

나는 곧바로 다음 회차 시험을 준비하려 했다. 하지만 어른인 나조차도 풀지 못하는 문제들을 초등 2학년밖에 안 된 아이에게 다시 들이밀자니 마치 아이를 학대하는 것 같아 망설여졌다. 그렇다고 선뜻 아이를 학원에 맡기자니 이 또한 내 마음이 허락지 않았다. 학원이 모든 걸 해결해주지 않을 거라는 불신 때문이었다.

나는 이 진퇴양난의 상황을 해결하기 위하여 또다시 머리를 짜냈다. 그리고 하는 수 없이 아이에게 마냥 해답지를 베끼게끔 했다. 매일 10문제씩 해답지를 베껴 올 때마다 Wii 게임 30분을 조건으로 내걸었다. 둘째는 단순히 해답지를 베끼기만 해도 게임 시간을 30분이나 준다니 무척이나 좋아했다.

수학 문제는 스스로 풀어야 한다며 해답지를 일절 못 보게 하는 사람도 있다지만, 나는 정반대의 방법을 사용했다. 아이 스스로 해법을 찾아가는 것보다, 해답지라도 붙잡고 수학 공부를 계속 유지하는 게 더 중요하다고 판단했기 때문이다. 주산 암산을 좀 했다고 해답지만 베껴대면 영재수학을 잘할 거라는 기대감이 있었던 건 결코 아니었다. 마치 어디로 가야 할지 몰라 잠시 시동만 걸어놓은 자동차처럼 그저 뾰족한 수가 생각날 때까지 임시방편으로 해답지를 베끼게 한 것뿐이다. 그리고 게임 시간은 반드시 무언가에 대한 보상으로만 획득 가능하다는 사실을 각인시키기 위해서였다.

둘째는 그렇게 1~2개월간 아무 의미 없는 해답지 베끼기를 반복했다. 나는 그때까지도 뾰족한 수가 생각나지 않았다.

기쁨은 언제나 욕심을 버릴 때만 찾아오는 법이다. 아이는 언제부터인가 문제를 하나씩 하나씩 이해해나가기 시작했다. 2~3개월이 지난 후에는 '규칙 논리' 부분을 재미있어하기까지 했다. 2~3개월이 더 흐르니 이제는 확률과 통계도 재미있어했다.

한 해가 지나 둘째는 3학년이 되었고, 상반기 성균관대학교 수학경시대회에 다시 지원했다. 그때쯤 둘째 아이는 초급 단계의 문제를 모두 풀었고, 중급 단계의 문제집을 풀고 있었다. 나는 그때까지 아이에게 한 번도 문제집을 풀라고 강요하지 않았다.

두 번째 성균관대학교 수학경시대회에서 둘째는 오로지 자신의 힘만으로 59점이라는 성적으로 장려상을 받아 왔다. 욕심을 비웠던 탓인지 기쁨은 더욱 컸다. 당시 장려상 커트라인은 49점이었고, 한 문제만 더 맞혔더라면 동상도 수상이 가능했다.

둘째는 아깝게 장려상에 그친 걸 매우 안타까워했다. 상장의 색깔에 따라 레고를 살 수 있는 보상 금액대가 달라졌기 때문이기도 했지만, 둘째의 표정은 진정 승부욕에 불타는 듯했다. 그리고 다음 경시대회에서는 꼭 동상을 받겠다며, 자신의 용돈으로 경시대회 접수비를 지불했다. 서점에 가서 빨리 고급 단계 문제집을 사달라고 졸라대기까지 했다.

"
마음속
돌 하나
—
"

둘째 아이가 초등학교 2학년 때부터 시작한 성균관대 수학경시 대회를 다섯 번째 치렀을 때의 일이다. 둘째는 어느덧 5학년이 되었고, 매년 두 차례씩 치러지는 대회를 준비하기 위해 꾸준히 기출문제들을 풀고 수학 올림피아드 문제집까지 스스로 찾아 공부해왔다. 입상 여부를 떠나 오직 본인의 의지로 이렇게 변치 않고 대회에 계속 응시하고 있는 둘째가 나는 대견스러웠다.

시험 당일, 그날도 나는 아내와 아이를 차에 태워 시험장으로 향하고 있었다. 한참을 달리고 있는데 뒷자리에 앉은 둘째가 이런 말을 꺼냈다.

"아, 오늘은 많이 긴장되네. 꼭 마음속에 돌이 들어 있는 기분이야."

아무래도 지난 네 번의 시험에서 자신이 목표로 했던 동상을 타지 못한 게 큰 부담으로 작용했던 모양이다. 아니 어쩌면 동상을 바라는 내 마음을 읽어서일지도 모르겠다. 나는 나 때문에 생겼을지도 모를 그 돌들을 당장이라도 꺼내주고 싶었다.

"아빠는 변치 않고 꾸준히 공부하고 있는 네가 무척 자랑스러워. 학년이 올라갈수록 어려운 문제들이 많아지게 되면 나는 네가 곧장 포기할 줄 알았거든. 중요한 건 포기하지 않고 계속하고 있느냐이지, 네가 상을 받고 안 받고는 전혀 중요치 않다고 생각해. 긴장 풀고 그냥 재미있는 퀴즈쇼에 나갔다고 생각해. 그렇게 즐기다 보면 어쩌면 초인적인 힘이 나와서 진짜로 동상을 타게 될지도 모를 테니 말이야."

그제야 둘째는 마음속 돌멩이 하나가 빠진 것 같다고 했다(아무래도 마음속에 돌멩이들이 많이 들어 있는 듯했다). 그리고 내 마음도 한결 편해졌다. 내 말에 내 생각도 설득이 된 듯했다. 나는 그렇게 잠시나마 다시 초심을 되찾을 수 있었다.

시험이 시작되고 2시간 남짓 지나자 고사장 건물 밖으로 학부모들이 몰려들기 시작했다. 그리고 곧 종이 울리자 쏟아져 나오는 아이들과 부모들이 뒤엉켜 상봉 행사를 시작했다. '상봉 행사'라는 표현에는 전혀 과장이 없다. 누구라고 할 것 없이 모두들 두 팔을 벌려 아이를 끌어안고 아이의 어깨와 엉덩이를 토닥여

준다. 여기저기서 수고했다, 고생했다는 말이 들려온다. 나는 이런 장면들을 보면서 마치 부모가 아이에게 용서를 구하고 있는 것 같다는 생각이 들었다. 이 시험을 준비하느라 고생했을 아이들과, 그리고 앞으로 더 고생시킬 아이들에게 흘리는 악어의 눈물 같은 것 말이다.

그렇게 정신을 딴 데 팔고 있는 사이에 둘째의 모습이 눈에 들어왔다. "엄마!"라고 외치며 반갑게 먼저 손을 흔드는 아이를 보면서 '나는 다른 부모들과는 달라'라고 스스로를 부정해보려 했지만, 선뜻 아이를 끌어안지 못하는 나 자신을 보면서 나 또한 수많은 악어 중 한 마리일지도 모르겠다는 생각이 들었다.

내 마음속에는 악어가 한 마리 살고 있다. 욕심쟁이 악어다. 이 악어는 입에서 돌멩이를 마구 쏟아낸다. 상을 타 오라고, 1등을 해 오라고, 합격증을 받아 오라고, 끊임없이 아이들을 공격한다. 이 돌은 아이들 마음속에 박혀 좀처럼 꺼낼 수가 없다.

나도 내 마음속 악어를 없애고 싶다. 하지만 무엇이 옳은지 잘 모르겠다. 어쩌면 이 악이 때문에 아이들이 이만큼이라도 공부를 하고 있지 않나, 라는 생각도 든다. 그래서 단지 내가 할 수 있는 일은 이런 식의 자아비판을 통해 악어를 잠시 잠재우는 것뿐이다.

또다시 악어가 눈을 뜨기 전에 아이들 마음속에 있는 돌들을

좀 치워줘야겠다. 그리고 오늘은 아이와 함께 경쾌한 산책을 좀
해야겠다.

"
과학영재원
도전
"

딸을 영어영재원에 합격시킨 후, 아내와 나는 둘째도 과학영재
원에 합격시킬 수 있을 것 같은 자신감에 차 있었다. 성균관대학
교 수학경시대회에서 입상한 성적이 그 자신감의 근거였다. 하
지만 언제, 어디서, 누구를, 어떻게 뽑는지 전혀 알지 못했다. 인
터넷에 떠도는 정보들은 도저히 무슨 말인지 알아들을 수가 없
었다. 아내와 나는 과학영재원에 들어가기 위해선 초등학교마다
설치되어 있는 단위학교 영재학급을 먼저 들어가야 한다는 아주
기초적인 사실만을 인지한 채, 둘째가 4학년이 되기를 기다렸
다.

4학년에 올라가 단위학교 영재학급 선발 일자만 손꼽아 기다
리고 있었는데, 그해 갑자기 4학년 단위학교 영재학급이 폐쇄되

었다는 가정통신문을 받게 되었다. 대신 이를 보완하기 위해 인천대학교 사이버 영재원이 신규 개설되었다는 안내장이 함께 날아왔다. 갑작스러운 변화에 조금은 당황스러웠지만 선택의 여지가 없었다.

둘째를 곧바로 인천대학교 사이버 영재원에 등록하고 아이와 함께 입학식에 참석했다. 그때는 미처 깨닫지 못했지만, 훗날 돌이켜 보니 그날은 어쩌면 영재교육 시장에 첫발을 내디딘 순간이었는지도 모르겠다.

그날 나는 대학교 영재원이 있다는 사실을 처음 알게 되었다. 대학교 영재원은 심화 과정과 사사 과정으로 나뉘고, 사사 과정은 심화 과정 학생을 대상으로 선발하며, 심화 과정에 지원하기 위해서는 단위학교 영재학급을 수료해야만 했다. 심화 과정은 초등 과정과 중등 과정으로 나누어 선발하고, 초등 과정은 4학년을 대상으로, 중등 과정은 6학년을 대상으로 선발하고 있었다.

입시 설명을 다 들어보니, 결국 첫 번째 단계에서 탈락하면 두세 번째 단계에서 다시 합류하기란 쉽지 않아 보였다. 아이를 과학고에 보내려면 초등 3~4학년 때부터 준비해야 한다는 말을 평소에도 자주 듣곤 했었는데, 그 말의 의미를 비로소 깨닫게 되었다.

인천대 과학영재원 초등심화 과정 선발을 6개월 남겨놓고, 둘째는 사이버 영재교육 과정을 성실히 듣고, 취약한 과학 분야를 열심히 보충하기로 했다. 나는 서점에 들러 처음으로 과학영재 문제집을 찾았다. 책을 고르는 동안 놀라지 않을 수가 없었다. 마치 구멍가게 들르듯 매일같이 드나들던 곳인데 수학·과학 영재 관련 책들이 이렇게나 즐비하다는 사실을 그제야 알았기 때문이다. 아는 만큼만 보인다더니, 조금만 관심을 기울이고 봤더라면 진작 알 수 있었던 사실을 너무나도 늦게 알아버린 것 같아서 후회가 막심했다.

과학영재 문제집을 사 오긴 했으나, 문제를 푸는 것은 그리 쉽지 않아 보였다. 과학 문제집에는 첫째가 배우고 있는 중학교 2학년 과정이 상당 부분 수록되어 있었다. 아무런 배경지식이 없는 초등학교 4학년에게 중학교 2학년 과정을 알려주기에는 너무나도 버거웠다. 더구나 이를 이해시키려면 과학 실험을 해야 되는데, 모든 것이 막막해 보였다. 이래서 사람들이 학원을 보내나 싶기도 했다. 그렇다고 이제 와서 아이를 학원에 맡기려니 괜한 오기 같은 게 발동했다. 학원을 보내지 않고도 영재원에 보낼 수 있다는 걸 세상 사람들에게 보여주고 싶었는지도 모르겠다.

나와 둘째는 어쩔 수 없이 수학 문제집을 풀 때처럼, 과학 문제집의 해답지를 마냥 외우는 식의 무식한 방법을 선택할 수밖에 없었다. 아이가 해답지를 다 외우고 나면, 나는 일문일답식으로 문제를 내며 아이가 해답지를 제대로 외웠는지 점검해나갔다. 공부량은 지지부진했고, 효율도 낮아 보였다. 둘째는 시험 보기 바로 전날 간신히 100문제의 해답지를 외운 상태로 시험장에 들어갔다.

몇 시간이 흘러 시험장을 막 빠져나온 아들은 뭐에 홀린 듯한 표정이었다. 시험을 잘 봤는지 물었지만, 아이는 아무런 기억을 하지 못했다. 아이가 기억한 거라곤 마지막 과학 시험 시간에는 아무런 답도 못 썼다는 사실뿐이었다. 주변에서는 과학이 수학보다 그나마 쉬웠다는 이야기들이 여기저기서 들려왔다. 합격을 기대하긴 어려워 보였다.

둘째는 예상대로 시험에 탈락했고, 다시금 수학과학 영재라는 세계의 높은 벽을 실감할 수 있었다. 그렇게 나와 둘째의 수학·과학 영재 1차 도전기는 막을 내렸다.

"

뿌리가
깊어가는 아이

"

인천대학교 과학영재원 시험에 탈락하고 아들은 다시 이전의 모습으로 돌아와 있었다. 퇴근하고 집 현관문을 열 때마다 아들은 늘 게임에 정신이 팔려 있었고, 그 모습을 볼 때마다 나는 가슴이 답답했다. 참다못한 내가 아들에게 물었다.

"네가 영재원 시험에 왜 떨어진 것 같아?"

아들의 대답은 간단했다.

"그야 공부를 안 했으니까 그렇지."

너무나도 당연한 사실을 천연덕스럽게 얘기하는 아들이 미웠다. 시험에 떨어진 이유를 알고서도 바꾸려 하지 않는 모습에 더 화가 났다. '영재원에 가려는 의지조차 없었던 아이였구나'라는 생각과 함께, 나 혼자 애간장을 태우며 안절부절못했던 과거를 떠올리니 순간 참지 못할 정도로 화가 치밀어 올랐다.

아들을 본격적으로 혼낼 양으로 언성을 높이려는 순간, 아들이 눈물을 글썽거리기 시작했다. 진짜 하고 싶은 말은 꺼내지도 않았는데, 벌써 울어대는 아들의 모습에 나는 어이가 없었다.

하지만 나는 곧 아들이 우는 이유를 알 수 있었다. 서로 말을 주고받지는 않았지만 아들의 생각을 읽을 수 있었다. 아들은 시험에 떨어진 것에 대한 실망이 무척이나 컸고, 게임을 하면서 상실감을 추스르고 있었던 것이다. 경기에 패한 선수의 마음이 관중에 비할까, 라는 생각이 들어 나도 순간 마음이 찡해왔다. 그리고 이런 마음가짐이라면 그 어떠한 도전이라도 성실히 임할 것 같다는 믿음이 다시 생겼다.

그날 아들과 나는 공부 시간과 게임 시간을 재조정했다. 조정 내용은 매일 2시간 30분 공부하기, 1시간 책 읽기, 그리고 남은 시간은 게임을 마음껏 해도 된다는 것이었다.

공부 시간 2시간 30분은 아이가 직접 정했다. 2시간이나 3시간이어도 되는데, 굳이 끝에 30분을 덧붙인 이유가 궁금해 아들에게 물었다. 2시간 30분은 학교 친구인 ○○○의 하루 평균 공부 시간(학원 제외)이라는 대답이었다. 아들은 영재원에 떨어지고 난 후, 그 원인을 스스로 분석해봤던 것이다. 자신의 공부 시간이 부족했다고 여긴 나머지, 학교에서 제일 공부 잘하는 친구를 찾아가 하루 공부 시간을 물어봤던 것이다.

나는 스스로 공부 시간을 정하는 모습에 흡족했다. 아들도 남은 자유 시간에 게임을 실컷 할 수 있다는 조건에 흡족했다. 그전에는 게임을 하루에 1시간 30분만 할 수 있었는데, 이제는 최대 4시간 30분간 할 수 있다는 계산에 무척이나 신이 났다.

아들의 계산은 이렇다. 학교를 마치고 집에 오면 오후 3시, 평소 밤 11시에 잠자리에 드는 걸 감안하면 주어진 하루 시간은 총 8시간이 된다. 이 중 2시간 30분은 공부를 하고, 1시간은 책을 읽고, 나머지 4시간 30분은 게임을 할 수 있는 것이다. 기존 1시간 30분보다 세 배 이상 게임을 더 할 수 있으니, 아들 입장에서 보면 횡재한 수준이다.

하지만 아들은 이 시간 동안 간식을 먹어야 하고, 학교 숙제를 해야 하고, 저녁 식사와 이 닦기 등을 해야 한다. 아들은 게임 시간을 조금이라도 늘리기 위해 시간을 더욱 철저히 활용했다. 덕분에 밥을 먹거나 이를 닦으면서 책을 읽고, 학교를 다녀오면 해야 할 일을 먼저 하는 습관이 생겼다.

그렇게 노력해봐야 게임 시간은 이전보다 30분에서 1시간 정도밖에 늘지 않았다. 그렇지만 아들의 눈빛에는 이전과는 다른 생기가 돌았다. 게임 몰입도도 높고 재미도 쏠쏠해 보였다. 그렇게 아들은 실패를 딛고 한 발짝 앞으로 나아가고 있는 듯했다.

"

과학영재원
합격

—
"

둘째 아이가 인천대학교 과학영재원 초등심화 과정에 떨어지고 난 후, 나는 사교육의 힘을 빌렸어야 했나, 라며 자책했다. 한편으로는 앞으로 2년 후에 있을 중등심화 과정을 찬찬히 준비해보기로 했다.

나는 이를 위해 영재원에 관한 정보를 다시금 꼼꼼히 수집해 나갔다. 그러던 중 경인교육대학교에 서구영재원이 있다는 사실을 알게 되었다. 8월에 시험을 치렀던 인천대 영재원과 달리 경인교대 서구영재원은 이듬해 1월에 시험이 있었다. 아직 2개월이라는 시간이 남아 있는 상황이었다.

경인교대 서구영재원은 계양영재원과 더불어 대학교 부설 영재교육원이면서 교육청의 지원을 받는 특이한 케이스다. 이러한 이유로 인천광역시 서구 지역에 거주하는 학생만이 지원할 수 있는 제한을 두고 있었다. 부연 설명을 하자면, 경인교대의 영재교육 시스템은 세 가지로 구분된다. 첫 번째는 한국과학창의재단의 승인을 받아 경기 지역 학생들이 지원할 수 있는 과학영재교육원, 두 번째는 인천광역시 계양교육지원청의 승인을 받아 인천시 계양구 학생들만 지원할 수 있는 계양영재교육원, 그리고 마지막으로 인천광역시 서구교육지원청의 승인을 받아 인천시 서구 학생들만 지원할 수 있는 서구영재교육원으로 나누어져 있다.

간발의 차로 버스를 놓치고 난 후, 머지않아 같은 버스가 곧 도착한다는 사실을 알게 된 느낌이랄까? 나와 아들은 다시 희망을 품고 경인교대 서구영재원에 지원해보기로 했다. 하지만 정작 마음을 먹고 준비에 들어가려고 하니, 바로 난관에 부딪혔다. 선발 시험에는 아이가 자신 있어 하는 수학 시험이 없었다. 아이가 들고 있는 버스표로는 다음 버스를 탈 수 없다는 사실을 알게 된 기분이 들었다.

나는 남은 시간 동안 아들의 과학 실력을 속성으로 끌어올려야만 했다. 사교육의 힘이 절실히 필요한 순간이 다가온 것이다. 나와 아내는 아들을 차에 태워 학원으로 향했다. 과학영재원을 준비하는 아이들이라면 한 번쯤은 꼭 다녀봤을 법한 유명한 프랜차이즈 학원이었다. 집 근처에도 같은 학원이 있었지만, 합격률이 높다는 지역으로 멀리까지 일부러 찾아갔다. 학원 문을 열자마자 이번 인천대 영재원 합격생 명단이 눈에 들어왔다. 전년도 경인교대 서구영재원 합격생 명단까지 더해 한쪽 벽면을 가득 채울 정도였다. 곧바로 아이의 레벨 테스트가 진행되었고, 곧 상담이 이루어졌다.

테스트 결과, 최상위반을 수강할 수 있을 정도의 점수가 나왔다. 의아했다. 인천대 영재원을 준비하면서 무식하게 해답지를 외웠던 방식이 조금은 통한 것 같기도 했다. 이 정도 실력이면 인천대 영재원도 붙을 수 있는 실력이라는 말에 조금은 마음이 놓이기도 하면서, 진작 학원을 찾아왔더라면 하는 후회가 밀려왔다.

마침 그 학원에는 경인교대 서구영재원 대비 특강반이 마련되어 있었고, 상담을 받은 날은 운이 좋게도 특강이 시작되기 바로 전날이었다. 하지만 그 특강은 정규 수강생만 들을 수 있도록 제한되어 있었다. 나는 자초지종을 설명하고 특강을 듣게 해달라고 사정하는 수밖에 없었다. 돈을 쓰러 왔는데 오히려 사정을 하고 있는 꼴이 좀 우습기도 했지만 별수 없었다. 간신히 정규 수업을 병행해서 듣는 조건으로 특강을 등록할 수 있었다.

다음 날 첫 특강 수업이 진행됐다. 학원 수업을 처음 들은 아이의 소감이 궁금했던 나는, 강의실을 막 빠져나오는 아들에게 물었다.

"학원 수업은 어땠어? 재미있었어? 들을 만했어, 아니면 학원비만 날린 것 같아?"

아들은 나의 질문에 이렇게 대답했다.

"아빠, 학원 다니기를 잘한 것 같아. 아주 족집게 같아. 시험문제로 나올 것 같은 것들만 알려줘. 학원비가 하나도 아깝지 않아. 그런데 아빠, 다른 아이들은 막 떠들고, 장난치고, 엎드려 자. 아이들이 불량이야. 아무래도 걔네들은 학원 수업을 많이 들어서 돈 아까운지를 잘 모르나 봐."

나는 아들의 천진난만한 말투가 좀 웃기기도 했고, 역시나 짠돌이 아빠의 아들답다는 생각에 웃음이 터져 나왔다. 나처럼 아들 녀석도 비용 대비 효과를 벌써 따지고 있다는 게 신기하기도 했다. 이런 게 바로 유전자의 힘인가? 그리고 다른 친구들의 학습 태도까지 챙겨 보는 모습에 벌써 아들이 이렇게 컸구나, 라는 생각도 들었다. 그렇게 한 달여의 시간이 흐르고 경인교대 서구 영재원 지필시험을 치르는 날이 다가왔다. 30명 정원의 초등과학심화 과정 1차 지필시험에서는 모집 정원의 두 배인 60명을 선발했다. 당일 대강당에 모인 지원자들의 머릿수를 헤아려보니 대략 100명 정도가 지원한 것 같았다. 2 대 1을 밑도는 경쟁률에서 아들은 무사히 첫 관문을 통과했다.

2주 후 면접시험이 진행되었다. 면접 대비를 위한 학원 특강
도 계속 이어졌다. 면접 대비 수업은 아주 체계적인 것처럼 보였
다. 자신의 꿈, 꿈을 향해 달려간 그간의 노력, 꿈을 이루고 난 후
하고 싶은 일까지를 기록하고 발표하는 연습을 했다.

첫 면접 대비 수업이 있던 날, 아들이 자기의 꿈이라며 적어 온
유인물을 보고 있자니 한심해 보였다. 자신의 꿈과 지금까지 노
력한 점들, 그리고 하고 싶은 일들 간에 일관성이 하나도 없었다.
한 번도 훈련되지 않은 날것의 냄새가 물씬 풍겼다. 나는 아이가
연필로 적은 내용을 모두 지우개로 박박 지우고, 아이의 꿈을 다
시 적어나갔다. 인천대 영재원을 준비할 때와는 사뭇 다르게 둘
째는 내 의견을 쉽게 받아들였다(인천대 영재원에 지원할 때에는 자
기소개서에 손도 못 대게 했었다). 자신의 꿈과 하고 싶은 일들이 일
관성 있게 정리된 완성된 원고를 보고 아이는 만족해했다. 학원
에서는 이 자료를 토대로 아이의 면접 연습을 지도해나갔다.

드디어 2차 시험이 치러졌다. 그런데 시험 당일 갑자기 논술
시험이 치러진다는 소식이 전해졌다. 면접시험에 필기도구를 가
져오라는 문구가 마음에 걸리긴 했지만, 논술시험이 치러질 거
라곤 그 누구도 예상하지 못했다. 서구영재원이 개원한 지 얼마
되지 않아 축적된 정보가 많지 않은 탓도 있겠지만, 훈련되지 않

은 영재를 선발하기 위해 입학 전형을 매해 조금씩 바꾸려는 의도가 숨어 있는 것 같기도 했다.

나는 어쩌면 더 잘된 일일지도 모른다는 판단이 섰다. 상대적으로 준비 기간이 짧아 불리했던 아들에게 오히려 다른 아이들과 동일 선상에서 출발할 수 있는 기회가 주어진 것 같았다. 학원에서 답을 얼마나 많이 외워 왔는지가 아닌, 오로지 학생 스스로의 힘만으로 당락이 결정되는 평등한 기회 말이다. 시험장을 빠져나오는 아들의 표정을 보니 그 공평한 기회를 적절히 잘 활용하고 나온 듯했다.

그리고 아들은 바로 학원을 그만뒀다. 경인교대 서구영재원 초등과학심화 과정에 최종 합격했기 때문이다. 이제부터는 학원 대신 서구영재원이 아들의 재능을 길러줄 것이다. 앞으로 초등사사 과정과 중등심화 과정, 그리고 영재학교와 과학고의 도전이 기다리고 있다. 그리고 이 기나긴 도전의 첫 관문이 드디어 열렸다.

5부

너도 할 수 있어!
우등생

100미터 달리기에서
우승하는 데
걸리는 시간은
단 10초면 됩니다.

우리 아이
우등생 만들기도
100미터 달리기처럼
해보세요.

" 영어 잘하는 아이로 키우는 법 "

내 아이를 영어 잘하는 아이로 키우려면 어떻게 해야 할까. 나는 정답은 모른다. 다만 내가 실천해서 성공한 방법은 있다. 그건 바로 영어 동화책을 끊임없이 읽어주는 것이다.

한 챕터마다 영어로 한 번 읽고 우리말로 다시 반복해서 읽는다. 첫 동화책은 가능하면 글자 수가 적고 그림만 봐도 내용을 알 수 있는 단순한 책이 좋다. 웃기는 장면이 많으면 더 좋고, 시리즈로 되어 있으면 캐릭터들과 친숙해질 수 있어 책에 빠져들기가 쉽다. 『Biff, Chip and Kipper』, 『Arthur Adventure』, 『Diary of a Wimpy Kid』 시리즈를 추천한다.

그럼 언제부터 시작해야 좋을까? 아이들의 성향에 따라 다르겠지만 동화책을 막 좋아하기 시작할 때가 적기다. 영어 DVD를 보여주는 것은 잠시 미뤄두고 영어 동화책을 먼저 읽어줘야 아이들의 두뇌가 팝콘브레인으로 변하는 것을 방지할 수 있다. (현란한 영상이 아이의 두뇌를 지속적으로 자극하면, 책을 읽거나 단순하고 평범한 일상생활에는 흥미를 잃게 되는 팝콘브레인이 된다니 조심해야 한다.) 달걀로 바위 치는 심정으로 몇 년을 꾸준히 하다 보면 어느새 아이가 영어 원서를 줄줄 읽게 될 수도 있다.

하지만 장밋빛 기대와는 달리 당신의 아이들은 영어 원서를 줄줄 읽지 못할 수도 있다. 그렇다 하더라도 자책하지 않았으면 좋겠다. 그것은 당신의 방법이 잘못됐다기보다는 아이의 언어 능력이 그것밖에 안 되기 때문이다. 달걀로 바위를 깰 수 없다는 사실을 알아차렸을 때 포기하고 싶은 마음이 들겠지만, 그러지 않았으면 좋겠다. 그렇다고 아이를 다그치지도 않았으면 좋겠다. 아이들의 언어능력은 다그친다고 결코 해결될 수 있는 영역이 아니다. 그것은 그냥 타고난 것이다.

우리 첫째 딸은 앞서 소개한 방법으로 해서 초등학생 때 『해리 포터』 원서를 읽었고 영어영재원도 혼자 힘으로 척척 합격했지만, 둘째 아들은 영어를 무척 싫어하고 원서는커녕 영어 동화책도 아직 제대로 못 읽는 수준이었다. 하지만 포기하지 않았다. 초등학교 6학년인 지금까지 둘째는 영어 DVD를 계속 시청하고 있고, 영작문을 매일 10분씩 꾸준히 써나가고 있으며, 누나의 중학교 교과서를 엄마와 함께 읽어나가고 있다. 아직 바위가 안 깨졌을 뿐이다. 그리고 아내는 달걀을 계속해서 던져나갈 것이다.

아이들이 자라 영어 동화책을 읽어줄 나이가 지났다면(우리 집의 경우에는 둘째가 열 살 때까지 영어 동화책을 읽어줬다), 영어 DVD를 보여줄 때가 된 것이다. 영어 DVD는 내용이 교육적이거나, 고급 어휘를 구사한다거나, 발음이 정확하고 바른 표현이 많이 나온다는 이유로 선택하면 절대 안 된다. 무조건 내용이 재미있어야 한다.

아이들 입장에서 생각해보면, 영상 속에서 알아듣지도 못하는 말이 계속 반복되는데 스토리까지 재미없다면 그 DVD를 다시는 보고 싶지 않을 것이다. 넘어지고, 깨지고, 주인공이 못된 어른들을 통쾌하게 무찌르는 장면이 나와야 아이들이 관심을 보인다. 우리 집은 그래서 「Horrid Henry」를 선택해서 보고 있다. 악동 헨리가 동생을 괴롭히고, 선생님을 골리고, 집 안을 난장판으로 만들어놓고, 친구들의 영웅이 되는 이야기가 반복된다. 내용이 원색적이다 보니 영어를 특별히 알아듣지 못해도 속수무책으로 당하는 어른들을 보면서 아이는 내용에 쉽게 빠져들 수 있다.

영어 DVD를 볼 때는 부모와 아이가 꼭 함께 봐야 한다. 부모가 함께 보며 같이 웃어주고 옆에서 내용을 설명해줘야 한다. 사람들이 많은 곳일수록 웃음이 잘 번져나가는 것처럼, 부모의 웃음소리에 아이는 덩달아 더 크게 웃고 더 큰 재미를 느끼게 된다. 자막 없이 봐도 되고 영어 자막으로 봐도 된다. 아이가 원하면 한글 자막으로 봐도 된다.

흔히 미드로 공부할 때 처음에는 자막 없이 보다가, 다음에는 영문 자막으로, 다시 한글 자막으로, 마지막에는 자막 없이 반복해서 보면 효과적이라고들 하지만, 나는 이러한 방법을 적용하지 않았다. 아이가 영상에 방해가 된다 하면 영문 자막을 없앴고, 내용이 복잡해 엄마·아빠의 설명만으로는 부족해 아이가 한글 자막을 보여달라고 하면 그렇게 해줬다. 별다른 이유는 없었다. 그저 남이 만든 비법을 고수하다가 내 아이의 흥미를 꺼뜨리는 게 싫었다.

나처럼 가정에서 직접 영어 공부를 시키는 집들을 보면, 하늘이 두 쪽 나도 무조건 정해진 시간에 정해진 분량만큼 공부시키는 엄마들이 많다. 정말 대단한 끈기와 열정이 없으면 도저히 해낼 수 없는 일이다. 하지만 우리 집은 아이가 쉬고 싶어 할 때 쉬고, 아내와 내가 쉬고 싶을 때 쉬었다. 몇 달을 쉬기도 하고 불현듯 다시 시작하곤 했다. 아이의 영어 공부에 있어 그 어떠한 규칙도 없었다. 어쩌면 이렇게 규칙이 없는 교육 방식이 아직까지도 아이의 영어 공부를 지속하게 해줬을지도 모른다.

영어 공부의 규칙을 정하고 그 규칙을 준수하기 위해 부모와 아이가 끊임없이 노력해야 한다면, 아이의 영어에 대한 흥미는 점점 사라지고 결국 의무감만 남을 수밖에 없다. 매일 밥상을 차려야 하는 주부도, 매일 출근해야 하는 직장인도 가끔 외식을 하거나 휴가를 떠나는 것처럼, 어린아이들도 영어 공부를 쉬고 싶을 땐 쉬게 해줘야 한다. 영어 공부에 있어서 중요한 건 효율도 아니고 끈기도 아니다. 중요한 건 바로 흥미(재미)이다.

수학 잘하는 아이로
키우는 법

영어에 비해 수학 잘하는 아이로 키우는 방법은 좀 더 수월할지 모르겠다. 영어 잘하는 아이로 키우기를 '달걀로 바위 치기'에 비유한다면, 수학은 '열 번 찍어 안 넘어가는 나무가 없다'쯤 될 거 같다.

하지만 많은 아이들이 열 번을 채 찍어보기도 전에 수학을 포기해버리는 경우가 많다. 이른바 수포자다. 그래서일까? 요즘 대학은 수학 점수로 들어간다고 해도 과언이 아닐 만큼 수학이 중요해졌다. 수학이야말로 공부 잘하는 아이와 못하는 아이를 구분 짓는 가장 변별력 있는 평가 방법이다.

언뜻 생각하면 수학 잘하는 아이는 이과로, 그러지 못하는 아이는 문과에 지원하면 될 거라 생각하지만, 수학을 못하는 문과생은 좋은 대학에 진학할 수가 없다. 아이러니하게도 영어 잘하는 이과생과 수학 잘하는 문과생만이 좋은 대학에 들어갈 수 있다.

그럼 과연 내 아이를 수학 잘하는 아이로 만들 수 있는 방법은 뭘까? 많은 부모들은 더하기와 빼기, 곱하기와 나누기를 무한 반복하는 연산 과정만 밤낮없이 시킨다. 하지만 이는 수학이 아니다. 그저 산수에 불과하다.

수학의 핵심은 바로 '탐구'다. 어떤 대상에 대한 궁금증에서 출발하여 그 호기심을 해소하기 위한 사고 과정인 것이다. 바꿔 말해, 우리가 알고자 하는 것을 논리적인 방법을 동원해 그 값을 찾아가는 행위가 바로 수학이다. 우리가 알고자 하는 수, 아직 그 값을 알아내지 못한 수, 바로 미지수 χ이다. 미지수 χ의 이해가 바로 수학의 첫 관문이다. 이 χ를 이해하지 못하면 수학을 잘하리라 기대하기 어렵다.

미지수 χ는 연립방정식에서 처음 등장한다. 요즘은 수학 선행이 필수가 된 지 오래여서 연립방정식을 초등학교 3~4학년 때부터 배우는 경우가 많지만, 정식 교육 과정에서 연립방정식은 중학교 1학년 2학기가 되어야 본격적으로 나온다.

수학은 벽돌 쌓기와도 같다. 아래쪽 벽돌을 부실하게 쌓으면 위쪽 벽돌은 틀어지고 벽은 금세 무너질 수밖에 없다. 수학 점수가 30~40점밖에 안 되는 중학생들도 고등 선행을 나가고 있다고 하니, 이미 틀어진 벽돌 위에 새로운 벽돌을 쌓는 꼴이 아닐 수 없다.

수학의 시작은 연립방정식부터다. 즉, 첫 벽돌 쌓기인 셈이다. 그 시작을 우리 아빠들이 같이해보자. 아이들에게 수학은 탐구의 학문이라는 것을 느끼게 해보자. 그리고 고된 탐구의 끝에는 희열이 존재한다는 것을 깨우쳐주자.

자식에게 연립방정식을 가르쳐본 경험이 있는 사람이라면, 대부분 '내 아이가 이렇게까지 멍청한가?'라는 생각을 한 번쯤은 해봤을 것이다. 당신의 아이는 결코 똑똑하지 않다. 절대 똑똑하다고 생각하면 안 된다. 내 아이가 똑똑하다고 생각할수록 당신은 더 많은 화를 내게 될 것이다. 한 번 설명으로 알아듣지 못하는 아이에게 다시 설명을 반복할 때마다 부모의 언성은 저절로 올라가기 마련이다. 그럴수록 아이는 더욱 주눅이 들고 연립방정식을 어렵고 두려운 존재로 받아들이게 된다. 그럼 당신의 아이는 곧바로 수포자로 전락하게 될지도 모른다.

내 아이에게 연립방정식을 가르치는 가장 효과적인 방법은 부모의 화를 죽이는 것이다. 방정식을 배우는 과정은 걸음마를 떼거나 말을 배우는 것과 같이 본능적으로 이루어지는 과정과는 사뭇 다르다는 사실을 이해해야 한다. 제아무리 서울대를 나온 똑똑한 부모라도 화를 참지 못하면 결국 수포자 자식을 둘 수밖에 없다(물론 학원에 맡기면 해결될 수도 있지만). 화를 억누르고 아이가 제대로 방정식을 이해할 때까지, 마치 비가 올 때까지 기우제를 지낸다는 심정으로, 지치지 말고 같은 설명을 수십 번 수백 번 반복해야 한다. 미지의 수 χ를 완벽하게 자기 것으로 만들어야만, 함수와 수열을 통과해 극한을 거쳐 미분과 적분으로 넘어갈 수 있다.

중학교 반 배치고사
준비하기

중학교의 첫 번째 반 배치고사는 특별한 의미가 있다. 좀 과장해서 말하면, 어쩌면 우리 아이의 미래를 결정지을 일생일대의 시험일지도 모른다. 초등학교 내내 이렇다 할 시험 없이 오직 단원평가에서 올백을 맞던 아이라도 중학교 반 배치고사에서 전교 수백 등 이하로 곤두박질치는 것은 예사로운 일이다. 마치 좁아지는 차로에서 병목 현상이 발생하는 것처럼 갑작스레 작동된 경쟁 구도에서 낙오자가 발생할 수밖에 없는 구조이다. 첫 번째 교차로를 재빨리 통과 못 하면 그다음 교차로에서도 계속 뒤로 밀리는 것처럼, 첫 번째 반 배치고사에서 밀리면 그다음 중간고사, 그리고 그다음 기말고사에서도 계속 뒤로 밀릴 수밖에 없다.

　내가 그 중요성을 처음부터 깨달은 것은 아니다. 정확히 말하면 "누구누구의 엄마가 반 배치고사를 그렇게 열심히 준비시킨다네?"라는 누군가의 말을 듣고서야 아차 싶었다. 하지만 그때만 해도 그저 남들이 하는 만큼은 해야겠다는 심정뿐이었다. 그래서 남들보다는 조금 늦게, 초등학교 6학년 겨울방학이 한두 주 지난 상황에서 반 배치고사 대비 문제집을 사 왔다.

공부 방식은 간단했다. 아이가 문제를 풀면 엄마가 채점을 해줬다. 엄마는 아이에게 오답을 적은 이유를 물어보고, 논리의 오류를 찾아 일일이 정정해주었다. 그렇게 문제 푸는 요령을 터득하자 순식간에 점수는 급상승했고 짧은 시간 안에 아이의 실력도 높아졌다. 매일의 공부량은 그리 많지 않았고, 아이가 문제 푸는 것을 힘들어하지도 않았다. 이런 식으로 겨울방학 동안 총 2권의 문제집을 풀었다.

기나긴 겨울방학이 끝나고 반 배치고사를 치렀다. 안타깝게도 딸아이는 한 문제를 틀려 전교 8등을 했고, 반 1등으로 배치를 받았다. 누가 만점을 받았는지, 누가 전교 1등을 해서 학생 대표로 선서를 하는지, 반 1등은 누구인지 온 동네에 소문이 파다했다. 얼떨결에 반 1등을 차지하게 된 딸은 마치 달리는 호랑이 등에 탄 꼴이 되었다. 그때서야 나는 첫 중간고사 때까지만 이 호랑이 등에 찰싹 붙어 있을 수만 있다면 내 아이도 우등생 대열에 낄 수 있는 기회를 가지게 됐다는 생각이 들었다.

"

초6 겨울방학 동안
중학수학 개념 잡기

—
"

수학 개념은 모든 게 서로 연결돼 있다. 방정식은 함수로 발전하고, 집합 개념에서 함수를 다른 각도로 정의 내린다. 함수는 1차식과 2차식을 거쳐 미분으로 이어지며, 수열과 극한을 거쳐 적분으로 발전한다. 지수와 로그, 삼각함수 또한 미적분의 개념과 결합한다. 이 기나긴 과정을 중1에서부터 고3까지 6년간 배워나간다. 마치 마라톤과 같다. 마라톤 선수라면 누구나 결승점을 예측하고 페이스를 조절하면서 뛸 것이다. 내가 어디쯤 뛰고 있는지도 모른 채 마냥 달리기만 하는 아마추어와는 차원이 다르다.

수학도 아이들이 현재 배우는 개념이 전 과정에서 어디쯤이고, 이 개념이 앞으로 어떻게 발전돼 활용될지를 미리 안다면, 좀 더 체계적으로 공부할 수 있다. 그렇기 때문에 수학 개념을 단시간에 처음부터 끝까지 한 번 훑어주면 아이들에게 많은 도움이 된다.

초등학교 6학년 겨울방학은 중학교 수학 전 과정을 한 번에 정리할 수 있는 절호의 기회이다. 하지만 이걸 해주는 학원을 찾기란 쉽지 않다. 설령 있다 하더라도 내 아이의 수준에 맞춰 지도해주는 세심한 배려는 없다. 다시 부모가 직접 나설 때다.

단시간에 수학 개념을 정리하는 방법은 간단하다. 서점에 가서 가장 얇은 책을 골라 부모가 직접 옛 기억을 되살려 아직 기억 속에 남아 있는 중요한 부분만 아이에게 가르쳐주면 된다. 엄마가 수학에 좀 약하다면 아빠가 해도 되고, 아빠가 시간이 안 나면 엄마가 해주면 된다. 중학교 수학 정도는 고등학교를 나온 부모라면 누구나 쉽게 가르칠 수 있다. 우리 경우에는 아내가 『키 수학』(키출판사)으로 한 달간 아이를 가르쳤고, 『니시구치 선생의 중학수학 기초』(다산에듀)를 읽혀 중학교 수학의 개념을 스스로 깨치게 했다.

아이를 직접 가르치다 보면 아이의 부족한 부분이 어디인지, 어떤 부분을 어려워하는지를 직접 확인할 수 있다. 아이가 어려워하는 부분만 인터넷 강의 등을 활용하여 추가 보강한다면 더욱 효과적으로 아이를 공부시킬 수 있다. 수십 편에 이르는 한 학기 분량의 인강을 오랜 기간에 걸쳐 아무 생각 없이 듣기보다,

아이가 어려워하는 부분만 선택해서 들으면 시간도 절약할 수 있고 아이의 집중력도 유지할 수 있다.

내가 보기에 수학은 암기 과목이나 다름없다. 일반 중·고교 과정에서 나오는 문제는 아무리 어려워도 그 풀이 과정이 반드시 특정 유형을 가지고 있기 때문이다. 그렇기 때문에 시험장에 들어서기 전 얼마나 많은 유형의 문제를 접해봤느냐에 따라 수학의 성패가 갈린다. 수학 시험은 아는 문제를 실수 없이 풀었을 때만이 좋은 점수를 받을 수 있다. 그래서 수학 점수를 잘 받기 위해서는 많은 유형의 문제를 풀어보는 방법 외에는 왕도가 없다.

물론 무작정 문제만 푼다고 해서 능사는 아니다. 문제를 풀기 전에 수학적 개념을 먼저 깨쳐야 하며, 머릿속에 맴돌고만 있는 수학적 개념들을 보다 확실히 이해하기 위한 방법으로 문제를 풀어나가야 한다. 그래서 문제를 풀 때는 기초개념을 잡아가기 위한 기초문제 풀이와, 유형을 익히기 위한 심화문제 풀이로 구분해야 한다. 기초문제는 얇고 간결한 문제집을, 심화문제는 최대한 난도가 높은 문제집을 선택하면 좋다. 개념을 잡기 위한 기초문제를 풀 때는 최대한 빨리 진도를 나가야 한다. 그래야만 조각난 퍼즐을 맞추듯 서로 연결된 수학 원리를 쉽게 이해할 수 있다.

아이가 문제를 풀고 답을 맞혔는지에만 관심을 둔다면, 그 아이는 늘 같은 문제만 맞히고 틀린 문제는 다시 틀리는 실수를 반복하게 된다. 반드시 틀린 문제의 유형을 파악하고 정리해야만 같은 문제를 다시 틀리는 실수를 줄일 수 있다. 수학 오답노트의 중요성이 여기서 강조된다.

그래서 심화문제 풀이에서는 문제집과 해답지를 같이 펴놓고 아이가 해답지를 보면서 문제 풀이 과정을 암기하도록 하는 것도 좋은 방법이다. 이때는 문제집에 어떠한 표시도 하지 않고 해답지에다 필기를 하도록 한다. 문제집의 모든 풀이 과정을 암기했다면 이제 본격적으로 문제 풀이에 들어간다. 암기가 제대로 안 돼 틀린 문제는 다시 해답지를 보며 풀이 과정을 암기하도록 한다. 이렇게 문제집의 모든 문제를 맞힐 때까지 같은 방법을 반복한다.

"
나만의 필살기
7·7·7 학습법
"

나의 어릴 적 기억에는 TV 속 학력고사 수석들의 인터뷰 장면이 아직 남아 있다. 그 내용은 늘 똑같았다.

"교과서 위주로 공부했어요."

그런데 이것보다 더 잊히지 않는 장면이 하나 있었는데, 평소 취미가 뭐냐는 기자의 질문에 대한 한 학생의 대답이었다.

"『삼국지』를 좋아해서 일곱 번이나 읽었습니다."

당시 어린 마음에 '나도 『삼국지』를 읽으면 공부를 잘하게 될까' 싶어 『삼국지』를 읽어도 봤다. 일곱 권이 넘는 대서사시에는 수많은 전투 장면과 수없이 많은 장수들의 이름이 등장하고 사라졌다. 등장인물의 이름을 외우는 건 불가능에 가까웠고, 장수들의 이름도 비슷비슷해서 죽은 줄만 알았던 사람이 다시 등장하는 착각을 불러일으키기도 했다. 책장을 거슬러 등장인물을 다시 확인하면서 끝까지 읽어봤지만, 머리에 남은 건 대략적인 줄거리일 뿐 세세한 전투 장면은 기억에 하나도 안 남았다. 하지만 나는 다시 반복해서 읽지 않았다. 이미 줄거리를 알고 있다고 생각했기 때문이다.

이처럼 어설프게 책을 읽는 습관은 공부에도 그대로 적용됐다. 줄거리는 대충 알고 있으나 세세한 전투 장면은 기억에 없는 것처럼, 수학 개념은 대충 알고 있으나 정확한 문제 풀이 방식은 알지 못했다. 나는 무엇이 원인인지도 모른 채, 같은 실수를 계속 반복하면서 열심히만 공부했다. 그래서 결국 나는 지방대를 가야만 했다.

세월이 흘러 아빠가 된 지금, 아이들을 직접 공부시키기 위해 나의 과오를 복기해보니 첫 번째 든 생각이 바로 '『삼국지』 7번 읽기'였다. 나는 이 『삼국지』 7번 읽기를 모티브로 삼아 나만의 공부법을 만들었다. 바로 7·7·7 학습법이다. 우리 두 아이들은 내가 개발한 이 7·7·7 학습법을 통해 영재원도 합격했고, 학교에서도 우등생으로 자리매김하고 있다.

7·7·7 학습법의 첫 번째 7은 같은 책을 7번 반복하는 것이다. 7권의 참고서를 한 번씩 보는 것보다 한 권의 참고서를 7번 반복하는 게 훨씬 효과적이다. 도저히 어려워 손도 못 댈 것 같던 문

제라도, 7번을 반복하게 되면 풀 수 있게 된다. 처음에는 단순히 외우기에만 급급했던 문제들도 7번을 반복하게 되면 원리를 깨칠 수 있다.

7·7·7 학습법의 두 번째 7은 제아무리 두껍고 어려운 참고서라 하더라도 처음부터 끝까지 한 번 보는 데 7일을 넘기지 않는 것이다. 이 7일은 아이들의 기억력 한계 때문에 설정한 기간이다. 사람마다 차이가 있지만, 헤르만 에빙하우스의 '망각곡선'에 따르면, 대부분의 사람들은 단 일주일 만에 기억의 70퍼센트를 잃어버리고, 한 달이 지나면 기억의 80퍼센트를 잃어버린다고 한다. 에빙하우스의 주장에 따르면 일주일 후 복습은 한 달 동안 기억을 유지하게 해준다.

도저히 일주일 안에 끝낼 수 없을 분량이거나 아이가 감당하기 어려울 만큼 수준 높은 참고서라면, 해답지를 먼저 외우게 하는 것도 좋은 방법이 될 수 있다. 여기서 중요한 점은 아이 스스로 문제를 풀 수 있느냐가 아니라, 아이가 문제와 해답을 기억할 수 있느냐이다. 만약 아이가 해답지를 보면서 최초 학습을 일주일 안에 끝냈다면, 바로 해답지 없이 문제를 직접 풀어보는 두 번째 과정으로 들어가야 한다. 에빙하우스의 망각곡선에 따라 아이는 잘해야 해답지의 단 30퍼센트만을 기억하고, 문제의 30퍼센트 정도밖에 맞힐 수 없다. 하지만 그 결과에 실망하지 말고,

바로 세 번째 반복학습에 들어가야 한다. 이번에는 기억하지 못했던 것들 위주로 학습하고, 이 과정 또한 일주일을 넘겨서는 안 된다. 이렇게 3주 동안 세 번을 반복하게 되면 이론적으로 전체 문제의 70퍼센트 이상을 맞힐 수 있다. 나머지 일주일 동안 한 번 더 반복하게 된다면, 참고서의 모든 내용을 외울 수 있고, 모든 문제를 맞힐 수 있게 된다.

7·7·7 학습법의 마지막 7은 바로 7개월이다. 위와 같이 한 달 동안 일주일 간격으로 4번의 학습을 반복하고, 나머지 3번의 반복은 6개월에 걸쳐 반복하는 거다. 즉, 두 달에 한 번꼴로 반복을 실시하면서 단기기억을 장기기억으로 바꿔놓는 거다. 이렇게 7일 간격으로 7개월간을 7번 반복해서 학습하게 되면, 『삼국지』에 나오는 모든 등장인물도 외울 수 있고, 제아무리 어려운 경시대회 문제도 스스로 풀 수 있게 된다.

"
—

고등수학
집에서 끝내기

—
"

중학교 2학년 2학기 기말고사에서 전교 1등을 차지한 딸은 자신감이 충만한 상태로 겨울방학을 맞이하게 되었다. 하지만 이제 곧 중3이 되는 딸을 보고 마냥 즐거워할 수만은 없었다. 아직까지 고등학교 선행을 한 번도 해본 적이 없었기 때문이다. 그래서 나는 이 기간 동안 딸의 고등학교 선행을 시작해보기로 마음먹었다.

고등학교 선행이라고 해봤자 관건은 수학이었다. 나는 방학을 이용해 고등학교 수학 전 과정(문과 계열)을 단숨에 끝내기로 맘먹고 학원을 알아보기 시작했다. 하지만 2개월 만에 모든 수학 과정을 끝내주는 학원은 도저히 찾을 수 없었다.

그렇다면 이제 내가 할 수 있는 것은 아이를 직접 가르치는 것밖에는 없었다. 나는 곧바로 서점에 갔다. 하지만 단 2개월 만에 고등수학을 끝낼 수 있는 참고서를 찾을 수 없었다. 결국 인터넷을 샅샅이 찾고 중고 서적 사이트까지 뒤져가며 『수능수학 절대개념 184』(꿈을담는틀)라는 책을 구할 수 있었다. 제목만 봐도 수학 공식 184개만 외우면 고등수학을 끝낼 수 있을 것만 같았기에 바로 구매 버튼을 눌렀다. 인터넷으로 구매하다 보니 책 내용 확인이 어려웠지만, 배송된 책을 보니 다행히도 개념 설명이 간결하면서 모든 과정이 빠짐없이 알차게 수록돼 있었다.

이제 집에서 수업만 진행하면 되었다. 처음에는 아내에게 떠넘기려 했다. 하지만 아내는 한 치의 고민도 없이 거절했다. 고등 과정을 가르칠 자신이 없다는 거였다. 내가 수업을 맡기엔 야근이 잦았다. 하지만 나의 진짜 속내는 아내와 같았다. 고등학교를 졸업한 지 20년이 훨씬 지난 시점에 고등수학을 누군가에게 가르친다는 게 너무나도 겁이 났다. 이제 수업을 진행할 수 있는 사람은 당사자인 딸밖에 없어 보였다.

나는 딸을 설득했다. 내가 제안한 방법은 딸이 직접 선생님이 되고 아내와 나는 학생이 되는 것이었다. 대신 새로 출시된 맥북을 사주겠다고 제안했다. 딸은 맥북에 홀려 내 제안을 흔쾌히 받아들였고, 그렇게 우리의 무모한 도전은 시작되었다.

하지만 말이 쉽지, 한 번도 배워본 적이 없는 고등수학을 중2

학생이 혼자 이해하고 남에게 가르치기란 거의 불가능에 가까웠다. 그리고 불가능에 가까운 일을 혼자 해내는 방법은 참고서를 통째로 외우는 방법밖에 없어 보였다. 나는 딸의 머릿속에 수학 개념이 콕 박힐 수 있도록 같은 참고서를 7번 반복하기로 스케줄을 잡았다. 이번 겨울방학 때 3번, 다음 여름방학 때 다시 4번을 주기적으로 반복하기로 했다(마음 같아선 겨울방학 때 4번을 반복하고 싶었지만, 시간적으로 무리였다).

처음에는 참고서의 처음부터 끝까지 모든 문제들을 해답지를 보고 풀이 방법을 외우도록 했다. 184개에 이르는 수학 개념들을 해답지를 보면서 이해하는 데 약 2주의 시간이 소요됐다. 이렇게 단기간에 모든 과정을 한 번에 끝내다 보면 방정식을 왜 배워야 하는지, 방정식이 어떻게 함수로 변하고 미분으로 이어지는지, 수열과 극한이 어떻게 적분으로 발전하는지 등의 수학 계통을 이해하는 데 큰 도움이 된다. 내가 노리고 있는 것도 바로 이 부분이었다. 모든 과정을 짧게 여러 번 반복함으로써 전체 흐름을 이해시키려 했다.

그리고 바로 두 번째 반복에 들어갔다. 이때부터는 수업을 하는 방식으로 진행했다. 우리는 하루에 4개 단원씩 진도를 나가기로 했다. 수업은 내가 퇴근하고 저녁 식사를 마친 후에 진행하기로 했고, 딸은 아침에 일어나서 하루 수업 분량을 다시 해답지를 보며 준비했다. 그렇게 수업 준비를 하면서 두 번째 반복에 들어갔고, 실제 수업에 들어가면서 세 번째를 반복했다. 이렇게 184개의 모든 단원을 끝내는 데 필요한 기간은 총 46일이었다.

실제 첫 수업이 있던 날, 아내와 나는 설레는 마음으로 수업에 임했다. 하지만 첫 수업은 매우 실망스러웠다. 딸의 개념 이해도는 50퍼센트도 채 안 돼 보였다. 더구나 설명하는 스킬도 매우 부족했고, 자신감 없는 목소리는 수업 분위기를 자꾸만 가라앉혔다. 어쩌면 이런 결과는 당연한 걸지도, 내가 너무 욕심을 부린 탓일지도 모른다.

나는 실망스러운 속내를 감춘 채, 수업 중간중간 궁금한 부분을 계속 질문했다. 이해를 잘 못했다 싶은 부분이 있으면 계속 파고들어 원리를 깨치게 할 속셈이었다. 나의 공격에 딸은 마치 보리밟기라도 당하듯이 맞섰고, 수업 분위기는 점점 살아났다. 수학 개념을 100퍼센트 이해하고 있는 사람이 없었기에, 서로 내가 맞느니 네가 맞느니 하는 식의 토론 수업이 계속 이어졌다. 그러다가 누가 먼저 원리를 깨치기라도 하면 서로 잘났다고 원리를 설명하면서 칭찬과 웃음이 오가는 수업으로 점점 분위기가 바뀌어갔다.

수업 횟수가 반복될수록 분위기는 점점 밝아졌고 박수와 환호가 터졌다. 그 박수는 20년이 넘은 기억을 더듬어가며 원리를 깨친 엄마·아빠를 위한 박수였고, 미적분의 원리를 깨친 중학교 2학년 학생을 위한 박수였다. 그렇게 한 달 반 동안 수업이 이어지면서 빈도함수 정규분포를 끝으로 마지막 수업을 마쳤고, 나는 딸에게 맥북 프로를 사줬다. 그렇게 중학교 2학년 겨울방학 동안 고등 선행을 무사히 마쳤다.

그리고 약속했던 다음 여름방학이 찾아왔다. 딸은 그동안 학기 중에 수능 기출문제를 풀 때마다 모르는 문제가 나오면『수능 수학 절대개념 184』참고서를 다시 찾아보곤 했다. 그러면서 딸은 184개 모든 개념을 이미 깨치고 있는 듯했다.

하지만 나는 다시 반복해서 수업을 진행하기로 했다. 일종의 굳히기다. 184개 단원을 끝내는 데 걸리는 시간은 딱 7일, 하루에 27개 단원씩 진도를 나갔다. 이미 알고 있는 단원은 넘어가고, 핵심 단원에서는 내가 문제를 고르고 딸이 즉석에서 칠판에 문제를 풀면서 설명하는 방식으로 진행했다. 딸은 내가 어떤 문제를 고를지 모르기 때문에, 이에 대응하기 위해 사전에 예습을 다시 해야 했고, 내 질문에 답하면서 다시 수학 개념을 복습해나갔다. 그렇게 앞에서 언급한 7·7·7 학습 방법을 마무리했다.

"

해답지는
최고의 수학 선생님

—

"

아이들은 단순히 문제를 풀기만 해도 자기가 공부를 열심히 했다고 생각한다. 학교 시험을 볼 때는 자신이 공부하고 있다고 생각하지 않으면서, 이상하게 문제집 푸는 시간만은 공부를 하고 있다고 착각한다.

공부를 할 때 일반적으로 아이들은 문제를 풀고, 해답을 맞춰보고, 틀린 문제는 다시 한번 눈여겨본다. 간혹 오답노트를 만들기노 하지만, 다시 들춰 보는 일은 별로 없다. 많은 학생들이 이런 방식으로 끊임없이 공부를 이어가고 있지만 왠지 성적은 잘 오르지 않는다. 그 이유는 바로 실질적인 공부 시간이 많지 않기 때문이다. 시험을 많이 본다고 해서 성적이 오르길 기대하지 않는 것처럼, 문제만 많이 푼다고 해서 성적이 오를 거라고 기대해서는 안 된다. 시험은 시험일 뿐 공부가 아니다.

공부를 한답시고 문제 푸느라 기운을 써버리고 기진맥진한 상태에서 답만 맞춰보는 식으로 해답지를 봐서는 절대 실력이 늘지 않는다. 진짜 공부는 해답지를 보는 순간부터다. 문제를 푸는 이유는 내가 아는 문제와 모르는 문제를 구분하기 위함이고, 찍어서 맞힌 문제나 모르는 문제는 반드시 해답지를 꼼꼼히 살펴서 원리를 깨쳐나가야 한다. 그게 진짜 공부다.

어떤 부모들은 해답지를 아예 못 보게 한다. 모르는 문제가 나올 때마다 해답지에 의지하면, 스스로 문제를 해결할 수 있는 능력이 길러지지 않는다는 판단에서다. 그러나 이러한 공부 방식은 아이들로 하여금 공부에 대한 흥미를 잃게 만들기 쉽다. 답을 찾아가는 원리를 혼자만의 힘으로 깨치는 데에는 오랜 시간과 고통이 수반될 수밖에 없기 때문이다.

학년이 올라갈수록 점점 어려워지는 문제들 앞에서 아이들은 지치고, 좌절감을 느끼며, 결국 포기하게 되는 지경까지 이른다. 아이가 간신히 버티며 문제를 풀어내더라도, 성취감을 느끼는 경우는 드물다. 왜냐하면 이 문제를 넘더라도 또 다른 어려운 문제가 수없이 자신을 기다리고 있을 거라는 걸 아이들도 이미 잘 알고 있기 때문이다.

나는 아이의 능력보다 높은 고난도의 문제집을 풀게 할 때는 꼭 해답지를 먼저 보게 한다. 그리고 해답지를 모두 이해했다는 판단이 설 때 문제를 풀라고 한다. 실제로 둘째 아이가 혼자 힘으로 성균관대학교 수학경시대회에서 장려상을 탈 수 있었던 것도 해답지를 보면서 스스로 공부한 덕분이다.

둘째가 처음 영재수학 문제집을 풀 때는 아는 문제가 거의 없었다. 누군가 푸는 방법을 알려줘야만 풀 수 있는 문제들밖에는 없었다. 만약 내가 그때 둘째에게 스스로 문제를 풀라며 해답지를 빼앗았다면, 아마 아이는 한 페이지도 못 넘기고 포기했을 것이다. 나는 대신 문제집의 해답지를 베껴 쓰도록 했고, 둘째는 풀이 과정을 베끼는 동안 혼자서는 도저히 풀지 못할 것 같았던 문제들을 하나씩 이해하기 시작했다.

첫째가 인천과학예술영재학교에 도전하면서 두 달 남짓 영재수학을 준비할 때도 동일한 '해답지 외우기'로 시작했다. 난생처음 보는 괴랄한(괴상하고 지랄맞은) 문제들을 단숨에 정복하기 위한 유일하고도 확실한 방법이었다. 딸은 해답지를 외우면서 조금씩 문제들을 이해해나가기 시작했고, 시간이 지날수록 그 폭은 넓어졌으며, 스스로 풀 수 있는 문제들이 하나둘씩 늘어났다.

" 물독의 물을 퍼내는 방법 —
"

우리는 물독에 물을 채우는 데만 치중할 뿐, 물독에 찬 물을 어떻게 빨리 퍼낼 것인가에 대해서는 소홀한 경우가 많다. 책을 보고 머릿속에 지식을 담아내는 공부는 물독에 물을 채우는 것에 비유될 수 있고, 시험을 치르는 것은 물독에 담아놨던 물을 다시 퍼 나르는 행위로 비유될 수 있다. 그렇다면 물독에 물을 많이 채웠다고 해서 과연 시험을 잘 치를 수 있을까?

딸이 인천과학예술영재학교를 준비할 때, 나는 과학 문제집을 딸과 같이 풀었다. 문제의 답을 먼저 맞힐 때마다 마치 도박을 하듯 서로 1000원씩을 주고받고 있었다. 일전에 같은 방법으로 영재수학 문제를 풀 때는 내가 돈을 잃었지만, 과학만큼은 이길 자신이 있었다. 환경을 전공했기 때문에 화학 지식은 몸에 배어 있었다. 고등학교 때 배운 지구과학도 아직까지 자신 있어 태양과 지구, 그리고 달이 자전과 공전을 하는 장면이 머릿속에 생생하게 그려졌다.

하지만 결과는 예상 밖이었다. 물리나 생물은 그렇다 쳐도 내가 자신 있는 화학과 지구과학에서조차도 돈을 잃고 있었다. 며칠 전까지만 해도 내가 딸에게 원리를 가르쳐주는 입장이었는데, 문제를 푸는 데 있어서는 내가 일방적으로 당하는 게임을 하고 있었다.

이유는 간단했다. 분명 나는 딸보다 더 많은 지식과 더 큰 물독을 가지고 있었지만, 그 물독에 든 지식을 꺼내는 데에는 시간이 더 오래 걸렸다. 내가 문제를 다 읽기도 전에 딸은 보기의 답에 체크해버리곤 했다. 내가 딸에게서 돈을 받아낼 때라곤 어쩌다가 딸이 문제를 틀릴 때뿐이었다.

나와 딸의 문제 읽는 속도는 두 배 이상 차이 나 보였다. 평소 딸이 소설책을 한두 시간 만에 읽는 걸 봐왔지만, 이 정도일 줄은 몰랐다. 이런 식으로 돈을 10만 원 이상 잃고 났을 때쯤, 어떤 깨달음 같은 게 머리를 스쳐 갔다. 고등학교 시절, 나는 어떻게 하면 공부를 잘할 수 있을지 그게 늘 궁금했다. 아무리 공부를 열심히 해도 성적이 오르지 않았던 탓에, 전교 1등 하는 친구를 따라도 해봤고, 남들보다 더 늦게 자고 더 일찍 일어나며 열심히 공부해봤지만 성적은 늘 제자리였다.

나는 그렇게 3년 내내 공부 잘하는 방법을 찾아 헤맸다. 하지만 아무도 그 비법을 알려주지 않았고, 나는 그 방법을 끝내 알지 못한 채 결국 지방대학에 들어가야 했다. 그리고 시간이 흘러 딸과 과학 문제집을 풀다가 그 방법을 비로소 깨달은 듯했다. 내가 공부를 못했던 이유는 물독에 물이 부족해서가 아니라, 물독에 담긴 물을 퍼내는 실력이 부족했다는 사실 말이다.

그렇다면 과연 물독의 물을 잘 퍼내는 방법은 뭘까? 문제 푸는 연습을 계속하면 물을 잘 퍼낼 수 있을까? 이 방법은 나도 이미 열심히 해봤지만, 아무런 효험이 없다. 물독의 물을 잘 퍼내는 방법은 아무리 생각해봐도 '독서'밖에는 없는 듯하다. 독서를 통해 글을 빨리 읽고 지문의 논점과 문제가 묻고자 하는 것이 무엇인지를 빨리 파악해내는 것이다.

일반인들보다 글을 두 배 이상 빨리 읽을 수 있다면, 이는 시험 시간을 두 배 이상 늘리는 것과 같은 효과를 낸다. 누구에게나 동일하게 주어지는 시험 시간을 두 배로 늘리는 능력, 이는 시간을 조절하는 능력이 있는 마블코믹스의 히어로나 가질 만한 능력이다.

딸은 이런 능력 덕분에 학교 시험 시간 45분 동안에 검토를 2~3회 한단다. 제아무리 어려운 시험도 처음부터 끝까지 문제를 푸는 데 걸리는 시간은 10분이면 충분하다. 딸은 남은 시간 동안 문제를 다시 검토하고, 그래도 시간이 남으면 또다시 검토를 반복한다. 남들은 한 번 풀어도 모자랄 시간에 딸은 같은 문제를 세 번씩 반복해서 푼다. 그래서 실수가 있을 수 없다. 딸은 오직 자기가 모르는 문제만 틀린다. 그래서 학원을 다니지 않아도, 시험 기간에 책을 읽거나 밤 12시 전에 잠이 들어도, 전교 1등을 할 수 있다.

"
도와줘,
이누야샤!
"

「이누야샤」는 한때 딸이 푹 빠졌던 일본 애니메이션이다. 현대와 일본 전국시대를 오가는 '가고메'와 개(犬) 요괴인 '이누야샤'의 사랑과 악당 '나라쿠'와의 대결, 그리고 동행하는 '미로쿠', '산고'와의 우정, 그리고 '기쿄우'의 못다 한 사랑 이야기가 담겨 있다.

　어쩌면 딸이 공부를 잘하게 된 것은 「이누야샤」의 공이 크다고 할 수 있다. 남들에게는 흔한 애니메이션 중의 하나일지 모르지만, 딸에게는 조금 남달랐다. 딸은 「이누야샤」를 그토록 보고 싶어 했고, 나는 그토록 완강히 못 보게 했다. 딸은 「이누야샤」를 보기 위해 처음으로 내 말을 어겼고, 처음으로(?) 나에게 거짓말을 했다. 나는 「이누야샤」 때문에 처음으로 아내와 심하게 다퉜고, 급기야 딸에게 휴대전화를 던지기까지 했다.

당시 「이누야샤」에 대한 딸의 집념은 대단했다. 내 중고 스마트폰을 잠시 사용했던 그 짧은 시간에 193편의 애니메이션 전편을 섭렵했음은 물론 네이버 카페를 개설했고, 트위터에는 팔로어가 수백 명에 달했다. 딸의 집념만큼 그것을 금지하려는 나의 고집 또한 강했다.

그것은 나에게 마치 전쟁과도 같았다. 내가 이번 고지에서 밀리면 다른 전투에서도 질 것만 같았다. 그래서 나 또한 필사적이었다. 이 필사의 대결은 마치 두 대륙이 서로 격렬하게 밀어붙여 결국 땅이 갈라지고 화산이 폭발해버리는 것처럼 터져버렸고, 그 폭발력이 너무나도 세서 모든 게 잿더미가 돼버린 것 같았다. 하지만 이대로 포기할 수 없었다. 나는 머리를 굴리고 또 굴렸다. 그리고 딸에게 역으로 파격적인 제안을 했다.

"네가 내 조건을 들어준다면 「이누야샤」를 기꺼이 보여주겠다. 그것도 작은 스마트폰 화면이 아닌 온 방을 가득 채운 커다란 빔 스크린으로 말이다."

나의 그 조건은 간단했다.

"하루에 공부 2시간, 단 2시간이면 너는 「이누야샤」를 이제부터 당당히 볼 수 있다."

손해 볼 게 없는 딸은 흔쾌히 내 제안을 수용했다. 딸은 아빠도 함께 「이누야샤」를 보자고 제안했고, 나도 딸의 제안을 수용했다. 그렇게 딸과 나는 초등학교 6학년 마지막 겨울방학 석 달 동안 「이누야샤」를 함께 봤다. 심지어 옆에 있던 아들까지 「이누야샤」를 같이 보고 싶은 마음에 덩달아 매일 2시간씩 공부를 해야만 했다.

어느새 석 달이 지나고, 「이누야샤」의 마지막 에피소드를 함께 보는데, 그간 딸과의 대결과 화산이 폭발해 모든 게 잿더미가 돼버렸던 그때가 떠올랐다. 그리고 화산재가 거름이 돼 대지를 푸르게 하듯 「이누야샤」가 비료가 돼 또 한 뼘 성장한 딸을 보면서 나는 또 다른 감동에 취해 있었다. 이후에도 「이누야샤」의 효과는 오래갔다. 첫째와 둘째는 공부를 계속해나갔고, 「이누야샤」를 '재탕'했다.

중간·기말고사 성적을 조건으로 이누야샤 온리전(하나의 주제만을 가지고 여는 아마추어 동인 행사)에 딸과 함께 참가하기도 했다. 이누야샤 온리전에 참가했을 때는 그 뜨거운 열기를 함께 느끼며 부모와 자식이 아닌 같은 곳을 바라보는 친구 느낌이 들기도 했다(물론 나 혼자만의 생각이지만……). 당시 열기가 얼마나 대단했던지, 수백 명이 새벽부터 줄을 서서 번호표를 받아 입장했을 정도였다.

어디서 그런 실력들이 나오는지 팬들이 직접 그린 그림, 잡지, 각종 스티커 등은 생각보다 수준이 높았다. 그 많던 굿즈들은 1

시간 만에 동이 났고, 번호표를 늦게 받은 사람들은 굿즈를 구입할 기회조차 없었다. 제일 멀리서 온 사람에게 선물을 주는 코너도 있었는데, 부산에서 서울까지 KTX를 타고 오는 건 기본이었고, 일본에서 온 사람도 있었다(그가 결국 선물을 받아 갔다). 애니메이션 하나에 목숨 건 듯 열광하는 사람들의 모습이 신기하기만 했다.

수백 명의 사람들 중 아빠와 동행한 경우는 우리 말고는 단한 팀뿐이었다. 자녀를 키우는 같은 입장에서 말을 걸어볼까 고민했지만, 왠지 나와는 느낌이 조금 달라 보였다. 그 사람은 하루종일 무뚝뚝한 표정으로 어딘가를 응시하고만 있었다. 어떤 행사에도 참여하지 않았고, 오직 보호자 역할만 하는 것 같았다. 역시 아이와 공감대를 갖고 아이를 응원해주는 부모는 나뿐이라는 생각에 나는 잠시 혼자 우쭐한 마음이 들었다.

6부

특목고에
도전해보자!

사교육 없이
특목고에 보내는
방법이 궁금하신가요?

쉽지는 않지만,
그렇다고
어렵지도 않습니다.

"

내 아이 적성,
이과일까 문과일까?

"

나는 어려서부터 언어감각이 뛰어난 딸을 보며 문과형 인간이라고만 생각했다. 불가능할 것만 같던 영어영재원에 붙었을 때 이런 생각은 더욱 확고해졌고, 시간이 갈수록 딸의 목표도 자연스레 인천국제고를 향해 갔다. 하지만 인생사라는 게 늘 예상치 못한 변수로 살맛 나는 것처럼, 딸에게도 새로운 도전이 찾아왔다.

중2 겨울방학 동안 고등수학을 2개월 만에 끝내는 딸을 보면서 나는 '가능성'이라는 단어를 떠올렸고, 헛된 꿈일지도 모를 그 가능성을 한번 따라가 보기로 했다. 비록 목표에 도달하지 못하더라도, 가능성을 향해 나아가는 길목마다 분명 얻는 게 있을 거라는 확신 때문이었다. 새로운 도전 목표는 인천과학예술영재학교였다.

당시 인천과학예술영재학교는 개교한 지 2년밖에 안 돼 졸업생은 없었지만, 이보다 1년 앞서 개교한 쌍둥이 학교(세종과학예술영재학교)의 졸업생 절반 이상이 서울대에 합격하면서 인지도가 덩달아 올라가고 있었다. 나 역시 과학반과 예술반이 따로 있는 그저 그런 학교로만 여기고 있었는데, 입학설명회에 가보니 수학·과학만을 잘하는 학생이 아닌 인문·사회적 소양을 갖춘 융합형 인재를 뽑는 학교라고 했다.

딸도 자기가 이공 계열인지 인문·사회 계열인지 헷갈려 하고 있었다. 인적성 테스트를 할 때마다 딱 중간형으로 결과가 나왔다. 딸은 평소 과학을 좋아했는데, 특히 생물을 너무 좋아해 교과서를 달달 외우고 다닐 정도였다. 하지만 국어나 영어에 특기를 보이는 스스로를 보면서 딸 자신도 뭘 선택해야 할지 고민이 깊었다. 나는 인천과학예술영재학교가 이러한 딸의 고민에 답을 줄 수 있을 거라는 기대감이 들었다.

그러나 딸은 영재학교 준비에 필수라는 올림피아드나 수학경시대회에 나가본 적이 없었다. 창의수학도 창의과학도 공부해본 적이 없었고, 제대로 된 심화 과학 수업이나 실험도 해본 적이 없었다. 그럼에도 불구하고 딸은 친구들 사이에서 '걸어 다니는 백과사전'이라고 불릴 정도로 박학다식했다. 책을 많이 읽은 덕분이었다. 나는 이런 딸이 진정 융합형 인재상일 거라는 생각이

들었다.

하지만 아이는 내 생각과 반대였다. 헛된 꿈을 좇다가 넘어져 아파할 자신을 염려했다. 딸은 영재학교에 떨어졌을 때의 주변 친구들 시선, 부모의 기대에 못 미쳤다는 자책감을 예상했고, 자신이 영재가 아니라는 좌절감을 맛볼 것을 두려워했다. 나는 비록 이번 시험에 떨어지더라도 자기소개를 작성하며 배우는 점이라든지, 준비하면서 풀게 될 심도 있는 수학 문제나 과학 공부가 헛되지 않을 거라 생각했다. 영재학교 시험을 준비시키는 것보다도 이런 마음을 설득하는 게 나에겐 더 힘든 일이었다. 나는 계속 설득하고 또 설득했다. 결국, 착한 마음씨를 가진 딸은 나의 말에 따르기로 했다.

나는 딸의 승낙이 떨어지기 무섭게 영재수학 책을 구입했다. 준비 기간은 짧아도 고등수학을 다 끝낸 아이라 충분히 승산이 있을 거라 판단했다. 하지만 나의 오산이었다. 수학 문제가 어려워서가 아니라 딸의 의지가 문제였다. 물가엔 억지로 데려갈 수 있어도 억지로 물을 먹일 순 없다는 말이 실감 났다. 아이는 자기 자신을 위해 시험을 준비하는 게 아니라, 아빠를 위해 공부하는 것처럼 보였다. 자신을 위해 공부하는 아이와 남을 위해 공부하는 아이는 단 1초만 봐도 구별된다.

딸에게 "그냥 포기하자"고도 해봤다. 그러나 왠지 내 말을 믿지 않았다. 입으로는 지원하겠다며 날 안심시켰지만, 행동으로는 계속 거부했다. 노력도 하지 않고 지원만 하겠다는 말에 허송세월만 보내는 것 같아 아내도 걱정이 이만저만이 아니었다.

세상에 도전 없는 성공은 없다. 그것은 마치 복권도 안 사면서 당첨되길 바라는 것과 같다. 실패를 두려워해서도 안 된다. 실패가 성공의 어머니인 이유는 실패가 그저 실패로 끝나지 않고, 목표를 향해 한 발짝 다가갈 수 있는 작은 발판이 되기 때문이다. 비록 지금의 도전이 곧장 성공하지 못할지라도 이러한 노력들이 하나둘씩 모여 결국 목표에 다다르게 된다는 사실을 지금 입시를 준비하는 모든 아이들이 알아주길 바란다.

수많은 부모들이 그토록 자식 교육에 목을 매는 이유는, 아마도 자신이 겪었던 실패의 경험을 자식에게만큼은 물려주기 싫어서일 것이다. 나 또한 그랬다. 실패는 아무리 경험해도 결코 무뎌지지 않는다. 기대가 컸던 실패일수록 스스로를 무한 파괴하고 싶을 만큼 끔찍한 감정을 경험한다. 그렇다고 해서 실패를 두려워해 피해 다니기만 한다면, 내가 세상에서 이뤄낼 수 있는 건 단 하나도 없을 것이다.

시험에 합격한다면 이는 정말 내 딸이 타고난 영재임을 증명하는 일이 될 것이다. 하지만 나는 내 딸이 타고난 영재라고 생각지 않았다. 그래서 합격하리라는 기대보다는, 이번 도전이 인생을 보다 용기 있게 살아갈 수 있도록 실패의 참의미를 느낄 수 있는 기회가 되었으면 했다.

문·이과 융합형 인재를
키우는 학교가 있다?

"

인천과학예술영재학교에 지원하는 딸을 위해 여기저기 정보를 찾아보기 시작했다. 주로 활용한 것은 '상위 1% 카페'(cafe.naver. com/mathall)라는 교육 정보 커뮤니티였다. '영재'라는 단어를 치니 검색 결과가 끝없이 나왔다. 영재학교에 보내기 위해서는 초등학교 4학년 때 시작해도 늦다, 초등학교 6학년 때까지 고등수학을 마쳐야 한다, 수학·물리·화학 올림피아드 대회에서 입상을 해야 된다 등등 각종 설이 난무했다. 간혹 전혀 준비를 안 했는데 붙었다거나, 중2 여름방학부터 시작해도 된다는 얘기도 있었다.

전국에는 총 8개의 영재학교가 있고, 이들의 지필시험 날짜가 동일하다는 사실도 그 카페를 통해 처음 알았다. 인천과 세종 영재학교만 과학과 예술 분야가 융합된 영재를 선발하고 나머지 6

개 학교는 수학과 과학 분야 영재를 선발한다는 사실과, 하지만 인천과 세종 영재학교 역시 수학·과학이 당락을 좌우한다는 사실 또한 알게 되었다.

'상위 1% 카페'에서 얻은 정보를 종합해보자면, 영재가 아닌 아이들이 아주 어릴 적부터 사교육의 도움을 받아 합격하거나, 아니면 진짜 영재가 아주 손쉽게 합격하는 두 종류가 있다는 사실이었다.

나는 그 카페에서 시간이 촉박한 사람들에게 추천해주는 영재수학 문제집 하나를 알아냈다. 다른 문제집을 거들떠볼 겨를이 없던 터라 이 문제집에서 시험이 많이 출제되면 합격, 그러지 않으면 탈락하는 모험을 하기로 했다(사실 이 방법 외에는 선택의 여지가 없었다).

나는『新 영재수학의 지름길』(씨실과날실)을 택배로 주문하고, 책이 도착하기를 손꼽아 기다렸다. 드디어 도착한 문제집들을 펼쳐보니, 난도가 정말 입이 딱 벌어질 정도였다. 중학교 수학 과정을 완벽히게 터득한 아이라도 단 한 문제를 풀기가 어려워 보였다. '속수무책'이라는 단어만 머릿속에 빙빙 맴돌았다.

문제가 너무 어려워서일까? 딸은 집중력 있는 공부를 하지 못했다. 단 10분을 집중 못 하고 화장실에 가거나, 손톱을 깎거나, 머리를 감거나, 간식을 먹거나 이리저리 핑계를 대며 그저 시간만 때우는 것처럼 보였다. 옆에서 지켜보던 나는 답답한 마음에 문제를 함께 풀어보기로 했다. 마침 수학경시대회를 준비 중이던 둘째도 동참해 문제집 맨 뒤에 있는 모의고사 문제를 진짜 시험을 치르듯 시간을 정해 풀었다.

나는 첫 문제를 마주하자마자 무언가에 걸려 넘어져버린 느낌이었다. 간단한 분수 문제였는데도 전혀 손을 댈 수 없었다. 두 번째 문제도, 세 번째 문제도 마찬가지였고, 난도는 갈수록 어려워졌다. 끝부분에 가서야 최근에 딸과 함께 배운 고등수학을 가지고 풀 수 있는 한두 문제 정도가 나왔다. 시쳇말로 머리에 쥐가 난다는 고통을 실감하며 그렇게 2시간이 훌쩍 지나갔다. 처참한 정답률에 모두들 다시 한번 놀라지 않을 수 없었다.

나는 딸의 공부 방식에 뭔가 변화가 필요하다는 생각이 들었다. 그래서 이번에도 둘째 때와 마찬가지로 '해답지 외우기' 방법을 사용해보기로 했다. 구체적인 방법은 다음과 같다.

문제집과 해답지를 동시에 펴놓고, 문제를 읽고 바로 해답지를 본다. 해답지의 풀이 과정을 이해하고, 이해하지 못하는 부분은 다른 참고서를 찾아보든가, 이마저도 안 되면 별표를 표시하고 넘어간다. 이렇게 문제집 한 권을 이해하는 데 걸리는 시간은 대략 이틀. 이 짧은 기간 동안 수많은 문제들의 풀이 과정을 전부 외울 수는 없다. 해답지를 모두 훑어보았다면, 이제는 바로 문제 풀이에 들어간다. 문제 풀이는 해답지를 제대로 이해한 문제들만 풀고, 그러지 못한 문제는 표시를 하고 넘어간다. 이렇게 문제집의 처음부터 끝까지 푸는 데 걸리는 시간은 대략 일주일. 내가 구입한 네 권을 모두 끝내는 데는 약 한 달이 소요된다. 그 후 일주일은 못 풀었던 문제들만 골라 다시 해답지를 외우고, 다시 일주일 동안은 못 풀었던 문제들을 푼다. 그리고 남은 2주 동안도 같은 방법을 반복하면 총 세 번을 반복해서 문제를 풀 수 있다는 계산이 나온다.

이제 남은 건 과학이다. 앞서 언급한 '상위 1% 카페'에서『하이탑』(동아출판)이 바이블처럼 쓰인다는 사실을 알아냈다. 나는 곧바로 서점에 들러 중1부터 고등통합 과정까지 모든 책들을 샀다. 그리고 인터넷상에 떠도는 인천과학예술영재학교 기출문제들을 구하기 시작했다.

정보력이 부족해서인지 기출문제를 구하기란 쉽지 않았다. 대부분 전년도 응시자들이 손글씨로 불완전하게 복원한 경우가 대부분이었다. 나는 손글씨로 복원된 경우에는 딸이 잘 알아볼 수 있도록 다시 컴퓨터로 타이핑을 하고, 그림도 반듯하게 다시 그려 넣었다. 그렇게 복원된 문제들을 딸에게 하나씩 쥐여주며, 일일이 딸의 설명을 듣고 딸의 수준이 출제 난이도에 비해 얼마나 부족한지를 눈으로 직접 확인했다.

딸이 어려워하는 화학은 내가 인터넷 강의를 먼저 듣고 딸이 모르는 부분만 골라서 설명해줬다. 다급한 마음에 1시간 가까이 되는 인강을 넋 놓고 보게 할 여유가 없어서였다. 이렇게 하니 1시간짜리 강의를 단 10분 안에 이해시킬 수 있었다.

초보자가 영재수학을
정복하는 지름길

영재수학을 한 번도 배워보지 못한 딸은 해답지를 외우는 일도 버거워했다. 그래서인지 이 핑계 저 핑계를 대며 도망만 다녔다. 시험을 2주 앞두고 딸이 해답지를 얼마나 외웠는지 점검했는데, 결과는 생각보다 참담했다. 단 한 문제도 풀이 과정을 명쾌히 설명하지 못했다. 이렇게 남은 2주를 보냈다간 시험에 떨어질 게 분명했다. 딸의 머릿속에 해답지를 쑤셔 넣을 방법을 찾아야만 했다.

나는 곧장 안방으로 달려갔다. 그리고 예전에 딸이 수학 문제를 풀 때마다 보상금으로 주려고 바꿔놨던 1000원짜리 돈뭉치를 갖고 나왔다. 나는 딸이 해답지를 보면서 풀이 과정을 설명할 때마다 5000원씩 주기로 했다.

한두 문제는 돈발이 좀 먹히는 듯했다. 그러나 곧 어려운 문제를 만나고서는 딸의 충만했던 의욕이 이내 사라졌다. 나는 곧장 보상 방법을 바꿨다. 이제부터는 해답지를 보고 먼저 풀이 과정을 설명하는 사람이 5000원을 갖기로 했다. 해답지의 풀이 과정을 보고 내가 먼저 설명하면 그동안 받았던 딸의 5000원을 뺏는 식이었다.

인간의 심리란 참 신기하다. 5000원을 받아 갈 때는 시큰둥하더니만 5000원을 되돌려 받겠다고 하니 딸은 눈에 불을 켜고 달려들었다. 서로 먼저 풀이 과정을 이해했다면서 설명하겠답시고 옥신각신 다투었다. 그렇게 처음으로 딸과 나는 영재수학 공부를 열심히 했다. 하지만 너무 열심히 한 탓일까? 다음 날 우리 둘 다 뇌의 한계를 넘어버렸는지 방전이 된 듯 쓰러졌다. 나는 딸을 다시 일으켜 세워야만 했다. 그러기 위해서는 딸에게 돈보다 더 값진 걸 줘야 했다.

딸이 지금 가장 갖고 싶어 하는 게 뭘까? 나는 다시 생각해봤다. 불현듯 떠오른 것은 『문호 스트레이독스』라는 만화책이었다. 이 만화는 당시 중학교 또래 여자애들 사이에서 인기가 많았다. 딸의 교우관계를 위해 어쩔 수 없이 보는 걸 허락했지만, 자살을 미화하는 장면이 군데군데 담겨 있어 영 꺼림칙했다. 아니나 다를까. 딸의 연습장에 죽고 싶다는 말과 자살이라는 단어가 여지없이 등장했고, 그 후부터 나는 이 책을 금지했었다.

다급해진 나는 아이에게 다시는 자살이라는 단어를 쓰지 않는다는 조건으로『문호 스트레이독스』만화책을 사주기로 약속했다. 딸이 문제 풀이 과정을 이해하고 나에게 설명해줄 때마다 나는 만화책을 구매했다. 딸의 설명이 끝나기가 무섭게 인터넷으로 만화책을 바로 주문했다. 평소라면 배송비가 아까워 묶음배송을 했겠지만, 나에게 배송비는 더 이상 중요치 않았다.

내가 구매 버튼을 누를 때마다 어디서 그런 힘이 나오는지, 아이는 문제를 마구 풀어댔다. 어찌나 집중을 했던지 시간이 흘러가는 줄도 모르고 공부를 했다. 딸의 머릿속에 문제들이 쏙쏙 들어가고 있는 모습이 눈에 보이는 듯했다. 다른 아이들은 초등학교 때부터 수많은 돈과 수많은 시간을 들이면서 쌓았을 실력을 단 며칠 만에 압축하여 이뤄내고 있는 딸이 자랑스럽기까지 했다. 여덟 살 때까지만 해도 뺄셈 받아내림도 못 했던 아이가 기상천외하리만큼 복잡한 풀이 과정을 이해하고 있는 게 대견스러웠다.

"
풍문으로
들었소
"

딸이 인천과학예술영재학교 1차 서류 전형을 통과하고 2차 필기시험을 치를 수 있게 되었다. 같은 학교 친구는 광주영재학교 우선 선발에 합격했고, 거리마다 그 아이가 다닌 학원 홍보 현수막이 걸렸다. 2차 시험 당일, 곳곳에 걸린 현수막을 지나치며 '나도 학원을 보냈어야 했나?'라는 후회와 부러움이 교차했다.

딸을 고사장에 들여보내고 두 손에 가득한 학원 홍보물들을 들여다봤다. 수학·물리·화학 올림피아드 준비반에서부터 영재학교 자소서 준비반, 2차 필기시험 대비반, 3차 면접 대비반, 그리고 최종 합격자를 위한 영재학교 예비반까지 준비돼 있는 걸보고 '내가 그동안 뭘 하고 있었지?'라는 생각이 절로 났다.

시험이 종료되고 고사장을 빠져나오는 수많은 아이들 틈에서

터벅터벅 걸어오는 딸을 보면서 아내는 눈시울을 붉혔다. 나 또한 그동안 홀로 싸워온 아이가 짠했다. 그렇게 2차 시험이 끝난 후, 나는 인터넷 카페를 뒤적거리기 시작했다. 강남 학원가에서는 벌써 각 학교의 합격 예상 점수들을 쏟아냈다. 정작 영재학교는 한두 달이 지나서야 알 수 있는 합격자들을 학원에서는 단 일주일 만에 예측했다. 강남의 어느 학원에서는 수강생 전원이 2차 시험에 합격했다는 예상도 벌써 들려왔다. 일반 사람들은 범접할 수 없는 강남 부자들의 위력을 처음 느꼈고, 동일 출발선상에서 공정하게 경기가 치러지지 않는다는 사실을 처음 알게 되었다. 드라마 「풍문으로 들었소」나 「SKY 캐슬」에서 봤던 상류층의 부와 혈통의 세습 과정을 실제 눈으로 보고 있는 듯했다.

이렇게 철저하게 준비하는 학원생들을 과연 우리 아이가 혼자만의 힘으로 따라잡을 수 있을까, 라는 걱정이 앞섰다. 이번 시험의 당락을 떠나서 대학 진학과 사회 진출까지 이어질 불평등에 허탈했고, 이러한 사실을 알고 있음에도 손 놓고 가만히 있을 수밖에 없는 현실이 조라히기까지 했다.

딸은 2차 시험을 치르고 난 후 무슨 벼슬이라도 한 사람처럼 나태하게 시간을 허비하고 있었다. 떨어질지도 모르는 상태에서 3차 면접을 준비하기에는 의욕 또한 생기지 않았을 것이다. 나는 딸에게 새로운 목표를 제시해줘야만 했고, 인천과학고등학교에 도전해보자고 제안했다.

　나와 아내는 과학고등학교 입학설명회를 다니기 시작했다. 과학고 입학설명회는 국제고나 외고 입학설명회와는 사뭇 다른 분위기였다. 외고나 국제고에서는 오프닝 공연도 하고, 아이들이 직접 무대에 나와 자신의 경험담이나 성공 사례를 들려주며 마치 판촉 홍보라도 하는 것처럼 화려했는데, 과학고는 허름한 일상복을 입은 입학 담당 교사 한 명이 강단에 올라 오로지 관련 정보만을 딱딱한 방식으로 전달했다. 그 내용도 대부분 '과학고를 감당하기 어려운 아이는 보내지 말라'는 것이었다. 탐구심이 강하고 성적에 얽매이지 않으며, 자기가 좋아하는 일에 매진할 수 있는 인재만을 원한다고 했다.

　과학고 입학설명회 두 곳을 다녀온 후, 나는 '과연 내 아이가 그런 아이인가?'라는 의구심이 끊임없이 들었다. '과학고를 어떻게 보낼 것인가'라는 걱정보다는 '과학고에 가면 잘할 수 있을까?'라는 의문이 더 많이 들었다. 그래서 나는 이걸 기회 삼아 딸의 인적성을 다시 한번 점검해보기로 했다.

　우선 딸과 소논문을 같이 쓰기로 했다. 탐구심이 어느 정도인지 파악해보고 싶었기 때문이다. 나는 아이가 소논문을 스스로 완성하는 것을 보면서 딸의 탐구심을 엿볼 수 있었고, 과학적 기본 개념에 입각해 물리·화학·생물·지구과학을 넘나드는 창의적인 문제를 스스로 만들고 답하는 것을 보면서 딸이 과학을 얼마나 좋아하는지를 알게 되었다. 그리고 그런 딸이 과학고에 가서도 잘할 수 있으리라는 자신감이 생겨났다.

" 실패하는 연습 "

13일의 금요일, 하필 그날 인천과학예술영재학교 2차 합격자 발표가 있었다. 학원가에서 내놓은 커트라인과 비슷한 수준으로 답을 맞힌 것 같다는 딸의 말에, 나는 내심 합격을 기대하고 있었다. 하지만 딸의 이름은 합격자 명단에 없었다. 실패를 성공의 발판으로 삼아야 한다고 부르짖었던 나지만, 몸이 아프다는 핑계로 일찍부터 잠이 든 딸의 모습이 너무나도 안쓰러웠다. 역시 '실패'라는 녀석은 다정하게 대하려 해도 그럴 수 없는 잔인한 녀석이다.

같은 날 저녁, 인천국제고등학교 입학설명회가 있었다. 나와 아내는 아이들만 집에 남겨둔 채 설명회에 참석했다. 설명회 시작 전, 인천국제고 탈춤 동아리 학생들이 무대에 올라 직접 악기를 연주하며 사자춤을 선보였다. 귀청이 찢어질 듯한 태평소 소리가 내 마음의 갈등을 더욱 부추기는 듯했다. 과학고를 보내야 할지, 국제고를 보내야 할지, 아니면 인천하늘고(인천 소재 전국단위 자사고)는 어떨지 고민됐다.

다음 날은 딸의 영어영재원 수업과 인천하늘고 입학설명회가 잡혀 있어 다행히 아침부터 부산을 좀 떨 수 있었다. 몸을 바삐 움직이면 마음을 추스르는 데 도움이 될 것 같아 다행이라는 생각이었다. 새벽같이 일어나 아내는 도시락을 싸고, 나는 딸의 머리를 말려주었다. 1시간 넘게 차를 달려 딸을 미추홀외고(영어영재교육 운영 학교)에 바래다주고, 아내와 나는 인천하늘고로 향했다.

인천국제고와 하늘고의 입학설명회를 들어보니, 교육부에서는 '어디 우수한 학생을 뽑을 수 있으면 한번 뽑아봐라' 식인 것 같았다. 학업 성취도는 절대평가 방식으로 전환되어 누가 공부를 잘하는 학생인지 구별하기가 불가능해 보였고, 자기소개서에 교내 수상 실적과 영재원 활동 내용조차 기록이 금지되었다. 오로지 10분도 채 안 되는 면접으로만 아이들을 선발하는 구조였다.

같은 날 영재원 수업을 마치고 돌아오는 차 안에서 딸은 평소처럼 그날 있었던 일들을 재잘재잘 늘어놓았다. 일본 문화 수업을 했는데, 자신의 일본어 실력에 선생님이 놀라워했다며 자랑했다. 다행히 어제의 실패는 모두 잊은 듯한 얼굴이었다. 그러고는 "아빠, 나 미추홀외고 일본어과에 지원할까?"라고 말했다. 나는 별 고민 없이 "그래, 네가 하고 싶으면 그렇게 해"라고 답했다. 이제 딸의 고등학교 진학 선상에 외고까지 추가될 판이었다.

딸은 한때 일본 애니메이션에 빠져 일본어를 혼자 공부한 적이 있었다. 일본어 한자도 제법 수준급으로 터득해서 지금은 일본어로 된 만화책 정도는 읽을 수 있는 수준이다. 딸의 언어능력이 탁월하다는 사실을 다시금 느끼며 머리가 더욱 복잡해졌다.

하지만 나는 이내 마음을 고쳐먹었다. 딸의 운명을 내 맘대로 결정해버리는 것은 너무 잔인한 짓이라는 생각에서였다. 과학고든, 국제고든, 자사고든, 외고든, 아니면 일반고든 나는 그냥 딸의 뜻을 존중해주기로 했다. 언어능력이 뛰어나지만, 과학을 재미있어하는 아이가 어떤 아이로 성장하게 될지 무척 궁금했다.

그렇다고 인천과학고 도전을 포기하는 것은 아니었다. 도전 과정에서 수반되는 '노력'이 결코 헛되지 않다는 사실을 나와 딸은 너무나도 잘 알고 있다. 딸은 영재학교를 준비하면서 수학적 사고능력이 월등히 높아졌고, 과학 탐구능력은 더욱 깊어졌다. 별도의 학교 시험 대비를 하지 않아도 수학·과학 만점을 받아왔고, 알게 모르게 고등 선행도 마치게 되었다. 무엇보다 자신이 최고가 아니라는 사실과, 그간의 노력이 부족했다는 사실도 깨닫게 되었다. 그리고 이제는 실패하는 연습이 아닌 자신의 운명을 건 승부를 다시 준비하고 있다.

"
생기부가
왜 중요할까요
"

어린 자녀를 둔 부모라면 막연하게나마 '요즘 대학은 어떻게 보내지?'라는 궁금증을 가져봤을 거다. 나 역시 그랬다. '학종'('학생부 종합전형'의 줄임말)이라는 말을 들을 때마다 나는 그 이상한 정체가 궁금했다. 전국 모든 고등학교마다 1, 2등이 있을진대, 수능성적도 없이 어떻게 우열을 가려내는지 도무지 알 수가 없었다.

나는 그 해답을 조금은 엉뚱한 곳에서 찾을 수 있었다. 우리 회사에서는 사무관(연구관)으로 승진을 하려면 시험을 통과해야 하는데, 요즘은 많은 정부 부처들이 기존의 지필시험을 '역량평가'로 대체하는 추세다. 나는 이 역량평가 교육을 받으면서 비로소 '학종'의 의미를 이해할 수 있었다. 내가 이해한 '학종'의 정체는 바로 '학생의 역량을 평가'하는 시험이라는 것이다.

내가 역량 교육을 받으면서 들은 재미있는 일화 하나를 소개하겠다. 1970년대 초, 미국 국무부에는 고민거리가 하나 있었다. 제아무리 시험을 어렵게 내고 우수한 인재들을 뽑아봐야 죄다 사고만 쳐대고 업무를 제대로 처리하지 못한다는 것이었다. 미 국무부는 하버드대학에 능력 있는 사람을 뽑는 방법을 의뢰했고, 1973년 미국의 데이비드 매클렐런드(David C. McClelland)가 '역량평가' 기법을 개발했다고 한다.

'역량? 그게 대체 뭐지?'라는 의문이 자연스럽게 이어진다. 매클렐런드 교수는 업무 성과가 우수한 집단에서만 '사회적 감수성', '타인에 대한 긍정적 기대', '정치적 네트워크 파악 기술'이 뛰어나단 점을 발견하고 이를 '역량'이라 정의하였고, 이를 평가하는 기법을 개발하였다.

대입 학종뿐만 아니라 특목·자사고의 자기소개서 항목 중에 '봉사활동 내역'이 빠지지 않고 들어가는 이유도 앞서 언급한 '사회적 감수성'이나 '타인에 대한 긍정적 기대' 같은 역량을 평가하기 위함일 것이다.

학생들의 역량은 '생기부'('생활기록부'의 줄임말)에 전부 기록된다. 자기소개서를 통해 생기부에 기록된 자신의 역량을 부각하고, 면접을 통해 그 진위를 판별받는 것이다. 이쯤 되면 요즘 좋은 대학을 보내는 방법은 바로 '빛나는 생기부를 만드는 것'이란 걸 다들 이해할 것이다.

2025년이면 외고, 자사고, 국제고는 역사 속으로 사라지게 된다. 어떤 부모들은 이를 반기기도 하고, 거꾸로 반대하는 이들도 있다. 나는 찬성과 반대를 떠나 특목·자사고에 지원해보길 권한다. 왜냐하면, 특목·자사고의 입시 방식이 대입 방식과 매우 많이 닮아 있기 때문이다.

빛나는 생기부를 만들기 위해서는 우선 교내의 각종 특별활동과 대회에 참가해야 한다. 중학교의 경우, 특목·자사고 진학에 유리한 과학·영어 학업 동아리는 모집 경쟁률이 치열할 수밖에 없다. 일부 학교에선 이러한 수요를 감당 못 해 가위바위보로 운명을 결정짓는 경우도 있다고 한다. 오죽하면 어떤 학부모들은 가위바위보 학원은 없냐며 하소연을 하기도 한단다.

생기부에는 '세특'('세부 특기사항'의 줄임말)이라는 칸이 있는데, 각 학년의 교과목 선생님들이 해당 학생의 특성을 적는 난이다. 선생님 마음대로 빈칸으로 둬도 되고, 학생을 어여삐 여겨 꼼꼼히 적어줄 수도 있다. 한번 작성된 세특은 변경될 수 없으며, 담당 선생님에게 따질 수도 없다.

담임 선생님도 중요한 역할을 한다. 담임 선생님은 매 학년 '종합 의견' 칸에 학생에 대한 평가 의견을 작성하게 된다. 이 난에는 아이들의 인성이나 성실성, 교우관계 등이 기입된다. 이러한 의견들은 주관적일 수밖에 없기 때문에 무조건 담임 선생님에게는 착하고 성실한 아이로 보여야 한다. 영재학교는 담임 선생님의 추천서를 받기도 하는데, 이때도 담임 선생님의 역할은 매우 중요하게 작용한다. 참고로, 영재학교의 담임 교사 추천서는 해당 선생님이 전근을 갔거나 퇴직한 경우에도 작성 가능하다.

독서활동도 빠질 수 없다. 매 학년 자기가 읽은 책들을 생기부에 등록하게 되는데, 빛나는 생기부를 만들겠답시고 어렵고 읽지도 않은 책을 죄다 등록하면 실제 면접에서 답을 제대로 못 하는 불상사가 생길 수도 있다. 분야별로 책을 골고루 등록하는 것도 좋지만, 전공에 부합하는 관련 도서를 반드시 등록하는 게 무엇보다 중요하다.

마지막으로 생기부의 중요한 부분을 차지하는 것이 봉사활동이다. 봉사활동은 교실 청소나 급식 도우미 등과 같은 교내활동을 기입할 수도 있고, 1365 자원봉사 포털(www.1365.go.kr) 사이트에서 신청해 개인적으로 활동하는 것도 가능하다. 봉사활동은 필수 이수 시간만 채우면 된다고 생각할 수 있지만, 대학과 모든 특목·자사고는 입시에서 자원봉사 내역을 자기소개서에 작성하도록 요구한다. 아무 생각 없이 학교 급식 도우미만 했다가는 정작 자기소개서에 쓸 내용이 없게 된다.

자원봉사 내역은 일관성 있게 기록되어야 한다. 어느 학년 때는 도서관 봉사를 하고, 다른 해에는 버스 정류장 청소를 하면 안 된다. 자원봉사를 하며 느낀 점들을 자기소개서에서 충분히 어필할 수 있도록 일관성 있는 봉사활동을 수행해야 한다.

"

우리 집 비밀 병기
'칭찬노트'

—

"

앞에서 생기부 얘길 꺼냈으니, 이번에는 자소서 얘길 할 차례다. 자소서를 우스갯소리로 '자소설'이라고도 하던데, 읽는 이로 하여금 감동을 불러일으켜야 한다는 점에서 어쩌면 전혀 헛된 소리는 아니다. 자소서는 딱딱하기만 한 생기부에 생명을 불어넣는 역할을 한다. 생기부에 있는 자율활동과 동아리, 봉사, 진로활동들을 한데 묶어 하나의 스토리로 만들고, 꿈을 가지게 된 계기와 어떻게 꿈을 키우고 발전시켜나갔는지를 구체적으로 적어야 한다.

이때 중요한 것은, 자소서 내용이 생기부와 반드시 짝을 이루어야 한다는 것이다. 아무 생각 없이 중학교 1·2학년을 보냈다간 생기부가 뒤죽박죽되기 십상이고, 그런 생기부로는 제대로 된 자소서를 쓸 수 없다. 그 때문에 어떤 활동을 할지 미리 계획하고 실천에 옮겨야 훗날 매끄러운 자소서가 완성될 수 있다.

나도 처음부터 이 모든 사실을 인지하고 준비했던 것은 아니다. 나도 다른 부모들처럼 그저 공부만 잘하면 되는 줄 알았다. 하지만 나에겐 헛되게 써버린 시간을 되살려줄 히든카드가 하나 있었다. 바로 '칭찬노트'다.

나는 딸애가 학교에서 칭찬을 들을 때마다 이를 노트에 적도록 했는데, 우리는 이것을 '칭찬노트'라고 불렀다. 칭찬노트의 시작은 이러했다. 때는 딸이 이제 막 중학교에 입학했을 무렵이었다. 친구 사귀는 걸 어려워하는 딸은 중학교 적응에 힘들어했고, 그나마 선생님들의 칭찬을 위안 삼아 조금씩 조금씩 학교생활에 적응해나가고 있었다.

딸　아빠, 오늘도 나 칭찬 들었다.

나　그래? 오늘은 또 무슨 칭찬을 들었어?

딸　미술 선생님이 "뒤샹의 소변기가 예술 작품인 이유를 설명할 사람"이라고 물으시더라고. 내가 손을 번쩍 들고서 "추상파와 구체미술 경계의 최초 초현실주의 작품이기 때문입니다"라고 말했지. 그랬더니 선생님께서 "중학생 수준 이상의 답이로군" 하시면서 칭찬해주셨어.

나	그래? 역시 우리 딸 대단한데? 근데 넌 어떻게 알았어?
딸	그야 책에서 봤지.
나	그런데 하루가 멀다고 이렇게 칭찬을 받아 오는데, 웃고만 넘기기에는 좀 아깝지 않니?
딸	그러게.
나	그래서 말인데, 우리 이걸 노트에 적어보면 어떨까? 일명 '칭찬노트'를 작성해보는 거야.
딸	근데 왜 작성하는 거지, 아빠?
나	몰라. 그냥 아깝잖아. 언젠가 써먹을 날이 오겠지.

칭찬노트라고 해봐야 별거는 없다. 선생님들에게 칭찬받을 때마다 그 내용을 기록하는 게 전부였다. 특별한 양식도 없었다. 그저 칭찬을 기록해두는 게 전부였다. 아래는 딸의 초창기 칭찬노트 중 일부 내용이다.

〈○○○○년 ○○월 ○○일, 체육〉

"스포츠 심장은 일반 심장보다 심박수가 많을까, 적을까?"를 물으심.

"운동선수들은 심장이 크기 때문에, 단 1회만 뛰어도 몸속 혈액을 충분히 공급할 수 있어 느리게 뛸 거 같다"고 대답.

"교직 생활을 하며 들은 대답 중 가장 완벽한 대답"이라고 칭찬

받음(+박수+잠시 후 또 박수).

〈○○○○년 ○○월 ○○일, 영어〉

mottos-words of wisdom 오리엔테이션 시간에 명언을 조사함.

카르페디엠과 아모르파티의 뜻을 답함.

책을 많이 읽어서 똑똑하다고 칭찬을 받음.

〈○○○○년 ○○월 ○○일, 과학〉

과학 선생님이 '수소: 조연성', '산소: 가연성'이라고 잘못 적으심.

가연성과 조연성이 바뀌었다고 손을 들고 지적.

반에는 이런 학생이 있어야 한다면서 칭찬을 받음.

〈○○○○년 ○○월 ○○일, 과학〉

파동을 배우면서 P파와 S파의 약자가 무슨 의미인지 물으심.

파동의 속도가 다른 것에 착안하여 Primary와 Secondary라고

답함.

똑똑한 아이라고 칭찬받음.

〈○○○○년 ○○월 ○○일, 학급 회의〉

반장이 된 지 얼마 안 돼 전교 대의원 회의가 있었는데, 우리 손으로 결국 운동장 축구 골대 그물을 재설치하는 데 성공. 내 손으로 학교를 꾸려나갈 수 있다는 것이 경이로웠음.

〈○○○○년 ○○월 ○○일, 과학 동아리〉

자유탐구 주제를 내가 두 개나 냈고, 그게 채택되었다. 처음 보는 3학년 선생님이 좋다고 칭찬해주심.

〈○○○○년 ○○월 ○○일, 과학 동아리〉

실험 계획을 세울 때 초등학교 때처럼 간단하게 쓰지 않고 예상 결과에 따라 여러 가지 시료를 준비하면서 실험 계획을 다 세우고 나자, 내가 정말 과학자가 된 것처럼 뿌듯했다.

〈○○○○년 ○○월 ○○일, 기타〉

며칠 전부터 공부가 지루하지 않게 되었다. 특별히 훈계를 들은 건 아닌데, 조금이지만 늦게까지 공부해도 불평불만이 안 나옴. 하지만 여전히 놀고 싶긴 하다. 다른 애들은 학원에서 5시간씩 공부하니 나도 그렇게 되게 하자.

처음 시작할 때만 해도 칭찬노트가 이렇게까지 효력을 발휘할 줄은 몰랐다. 당시엔 생기부와 자소서의 정체를 잘 몰랐기 때문이다. 중2 딸이 영어영재원에 합격하고, 우리 부부는 그제야 특목고 '입학설명회'라는 곳을 쫓아다니기 시작했다. 그리고 뒤늦게서야 생기부의 중요성을 알게 되었다. 후회가 막심했다. 그동안 나는 아이를 잘 키우고 있다고 자신해왔지만, 전혀 그러지 못했다는 사실을 깨달았다. 하지만 나에겐 아직 희망이 남아 있었다. 버렸다고만 생각했던 중학교 1년을 칭찬노트가 기록해놓고 있었기 때문이다.

나는 딸에게 자소서를 작성해보게 하였다. 하지만 입학설명회에서 알려준 방식과는 조금 달랐다. 입학설명회에서는 생기부를 토대로 자소서를 작성해보라고 했지만, 나는 딸에게 '칭찬노트'를 기준으로 작성하게 시켰다. 나는 딸이 칭찬노트에 적힌 자신의 모습을 뒤돌아보면서 앞으로 나아가야 할 길을 스스로 찾아내길 기대했다.

나는 자소서 양식에서 학교명을 모조리 지워버렸다. 딸이 학교명을 보게 되면 그 학교에 맞춰진 자기 모습을 억지로 만들어낼까 싶어서다. 당시 딸은 자기 인생을 결정지을 만한 꿈이나 포부 같은 것은 있지도 않았고, 앞으로 남은 2년간을 어떻게 보내야 할지 생각해본 적조차 없었다. 나는 미리 써보는 자소서가 언젠가는 새싹이 돋아나고 굳게 뿌리를 내릴 작은 씨앗이 되리라 믿었다.

칭찬노트에는 어느 과목 선생님들에게 칭찬을 많이 들었는지, 어떤 칭찬을 받았을 때 가장 기분이 좋았는지가 모두 다 적혀 있었다. 딸은 자신이 들었던 칭찬을 토대로 자소서를 작성해 나갔고, 그러면서 자신의 꿈을 그려보기 시작했다. 그리고 그 꿈에 다가가기 위해서는 그동안의 노력이 턱없이 모자랐다는 것을 깨달았고, 자신의 부족했던 활동들을 메워나갈 계획들을 세우게 됐다.

그 후로도 나는 생각이 날 때마다 딸에게 자소서를 작성하도록 했고, 딸은 그럴 때마다 자신의 칭찬노트를 들춰 봤다. 그리고 1년 후, 본격적인 입시를 위한 자소서를 쓸 때도 이 칭찬노트는 어김없이 등장했다. 영재학교를 지원할 때도, 과학고를 지원할 때도, 그리고 국제고를 지원할 때도.

칭찬노트가 없었다면 딸의 운명이 어떻게 바뀌었을지 모르겠다. 중학교에 처음 입학해 적응에 힘들었을 무렵, 딸은 칭찬노트를 통해 칭찬이 주는 기쁨을 되새김하면서 조금이라도 더 칭찬을 받으려 노력하게 됐다. 또 칭찬노트는 꿈이 없던 딸에게 스스로 공부를 해야 하는 당위성을 마련해주는 존재가 됐다. 무엇보다 칭찬노트를 통해 딸은 기록할 줄 아는 습관을 지니게 됐다.

그래서 칭찬노트는 자녀 교육에 있어 나만의 필살 무기가 되었다. 아내가 아무한테도 이 비법을 알려주지 말라고 했을 정도다 (나는 비록 여기저기 떠벌리고 다니지만……).

꼭 칭찬노트가 아니어도 좋다. 그저 평범한 일기여도 좋다. 칭찬노트의 포인트는 '칭찬'이 아니라 바로 '기록'이기 때문이다.

그 후로도 딸의 칭찬노트 작성은 계속되었다. 하지만 어느 순간부터인가 나는 딸의 칭찬노트를 들여다볼 수 없게 되었다. 딸은 학교에서 칭찬을 들었을 때뿐만 아니라, 친구랑 싸웠을 때, 아빠한테 핀잔을 들었을 때와 같은 안 좋았던 기억들까지도 모두 기록하기 시작했다(직접 보지는 못했고, 딸에게서 들은 말이다).

책상 위에는 언제나 딸의 칭찬노트가 널브러져 있다. 욕심 같아선 당장이라도 노트를 열어 일부 내용을 독자들에게 소개하고 싶지만, 꾹 참는다(실은 나에 대한 심한 욕이 적혀 있을지도 모른다는 두려운 마음도 있다). 그래서 최근 내용을 공개 못 하는 점을 양해해주길 바란다.

"
과학고 도전기 I
자기소개서

"

영어영재원을 다니는 아이가 과학고에 합격하기란 여간 어려운 일이 아니다. 과학영재원을 안 다녔기 때문이다. 과학영재원을 꼭 나와야 하는 건 아니지만, 과학영재원을 다니지 않으면 자기소개서에 쓸 만한 활동 내용이 많지 않다. 나는 이러한 사실을 과학고 자기소개서 양식을 보고서야 알게 되었다. 역시 아는 만큼만 보이는 법이다.

딸의 생기부를 살펴보니, 지금까지 수학·과학 관련 활동이라곤 뜨거운 캔에 찬물을 붓고 캔이 수축되는 걸 보고 저기압이 만들어지는 현상을 관찰한 것과, 비눗방울에 물체를 통과시켜봄으로써 세포막의 물질 교환을 알아봤다는 게 전부였다. 참담했다. 과학 관련 교내 대회 참가 이력도 없었고, 과학 관련 글쓰기 대회 입상 2건이 수상 실적의 전부였다. 그나마 자소서에 쓸 만한 거라곤 교외 활동으로 유제품의 세균 수 변화 실험을 했다는 것과, 이를 통해 소논문을 작성했다는 것뿐이었다. 수학 분야는 더 형편없었다.

딸은 이런 생기부로 어떻게 자소서를 적어야 할지 갈피를 못 잡았고, 나는 옆에서 자소서에 쓸 만한 거리들을 함께 고민하고 방향을 잡아나갔다. 영재학교를 준비하면서 알게 된 메넬라우스의 정리와 체바의 정리, 헤론의 공식 등을 이용해 풀었던 고난도 수학 문제 경험담을 소재로 삼기로 했다. 영재학교를 준비하면서 노력했던 경험들이 이렇게 값지게 다시 쓰이는 것을 보면서, 역시나 어떤 노력도 헛되이 사라지지 않는다는 사실을 새삼 깨달았다.

사교육의 도움 없이 고등 선행을 완수했던 경험들도 활용했다. 미분과 적분의 의미를 알아가고 확률과 통계를 실생활에 적용해봤다는 식으로 자소서를 적어 내려갔다. 비누 거품 실험도 세포막의 선택적 투과성을 이용한 신약 개발의 아이디어를 곁들여 보다 구체적으로 작성했다. 소논문을 작성하면서 세웠던 가설과, 실험을 통해 가설을 검증하면서 느꼈던 아쉬운 점을 들어 아이의 과학적 사고가 성장하는 과정을 세세히 작성해갔다.

학교 선생님들은 이렇게 작성된 딸의 자소서를 몇 번이고 첨삭해주었다. 내용의 구체성을 더 강조하라는 선생님도 있었고, 문장의 필력을 높이라고 주문하는 선생님도 있었다. 한 선생님의 주문을 따르면 다른 선생님은 그 반대 방향으로 수정을 주문하는 식이었다. 딸은 계속 갈팡질팡했다. 결국 딸은 자신의 소신대로 자소서를 마무리했다.

한 달 후 서류 합격자 발표가 났다. 딸이 다니는 중학교에서는 총 3명이 지원해 모두 서류 전형을 통과했다. 전체 경쟁률이 3.1 대 1인데, 서류 전형에서 3배수를 뽑는 걸 감안하면 서류 탈락자는 거의 없어 보였다.

학교에서는 3명의 학생들이 자소서와 생기부를 맞교환해 서로 면접관이 돼 질문을 주고받도록 시켰다. 딸은 친구들의 자소서와 생기부를 내게 보여줬다. 그중에는 광주영재학교 우선 선발에 합격한 학생의 것도 있었다. 그 학생의 자소서를 보니 입이 떡 벌어졌다. 실험 과정은 아주 구체적으로 기술돼 있고 간결한 문장의 필력이 돋보였다. 딸의 자소서와 비교해보니 자소서를 첨삭해주던 선생님들이 무엇을 주문했던 것인지 알 것 같았다.

반면에 딸의 자소서는 제한된 글자 수에 너무 많은 것을 담으려다 보니 여기저기서 허점이 보였고 세련된 전문가의 손이 닿지 않은 아마추어의 느낌이 물씬 풍겼다. 하지만 어쩌면 이러한 허점투성이의 자소서가 딸의 장점으로 작용할 수도 있을 거라는 생각이 들었다. 허점이 공격 포인트가 되어 오히려 질문을 유도하게 되고, 예상 질문을 쉽게 예측할 수 있으니 사전 대비책을 마련하기가 쉬울 거란 판단이었다. 『손자병법』 제17계에 나오는 포전인옥(抛磚引玉·작은 대가를 치르고 큰 이익을 얻고자 할 때 구사하는 계책)인 것이다. 궁금증이 들지 않을 만큼 완벽한 자소서는 오히려 면접관들이 공격 포인트를 찾기 어려워 결국 자소서 이외의 것에서 질문을 하게 될 것이다. 갑자기 과학고로 진로를 선회한 딸로서는 1시간가량 되는 긴 면접 시간 동안 방어를 잘 해내기 위해 공격 포인트를 자소서로 집중시키는 게 유리해 보였다.

딸과 나는 생기부와 자소서에 있는 수학·과학과 관련된 모든 단어들을 체크하고 그 단어들로 파생될 수 있는 예상 질문들을 만들었다. 예상 질문에 대한 답변을 작성하고 다시 그 답변에서 파생될 수 있는 질문지를 다시 만들어갔다.

이렇게 만든 질문들은 100개를 훌쩍 넘겼다. 꼬리에 꼬리를 무는 질문들은 아주 원초적인 분야까지 들어갔고, 딸은 그 질문을 통해 기본 원리를 깨쳐갔다. 사이클로이드와 회전 마찰력이 무엇인지, 세포막의 인지질 이중 구조층과 비누화 반응이 무엇인지, DNA의 5탄당과 염기 서열은 무엇인지, 프랙털과 피보나치수열은 무엇인지를 알아갔다. 메넬라우스의 정리와 체바의 정리를 증명하고 헤론 공식을 유도하는 방법도 터득했다.

이때 유튜브의 도움을 많이 받았다. 딸이 궁금증이 생기면 나는 그 궁금증을 해결하기 위하여 유튜브를 찾아 헤맸다. 짧으면 단 몇 분 만에, 길게는 몇 시간 동안 검색을 해서 원리를 내가 먼저 깨치고 그 원리를 딸에게 설명해주었다. 고등수학 선행도 다시 반복했다. 미분과 적분의 의미를 다시금 되새기고, 거리를 미분하면 속도가 된다는 것을 유도하고, 로또복권에 당첨되는 확률들을 계산하고, 정규분포와 95퍼센트 신뢰구간의 의미를 알아나갔다.

과학고 도전기 II
방문 면접 & 창의인성 면접

드디어 딸의 방문 면접일이 다가왔다. 나와 아내, 그리고 딸은 인천과학고가 있는 영종도로 향했다. 10월 중순이지만, 날씨가 몹시 쌀쌀했다. 날씨 탓인지, 딸은 떨리는 마음을 주체하지 못했다. 영어영재원 최종 면접 때나 인천과학예술영재학교 지필시험 때와는 사뭇 다른 모습이었다. 긴장감을 풀어주기 위해 틀어놓은 라디오에서는 마침 무료 독감주사를 맞으라는 광고가 나오고 있었다. 딸은 200년 전만 해도 귀족들만 맞았던 예방 접종을 이제는 무료로 해준다면서 "세상 참 좋아졌다"는 말을 했다. 딸의 이런 말에 나는 발표 팁 하나를 알려줬다.

"발표를 잘하는 강연자들은 앞선 발표자의 말을 인용하거나 강연장으로 오던 길에 벌어진 소소한 일을 자연스레 꺼내면서 긴장감을 풀기도 하고, 자료를 외우지 않고 즉흥적으로 발표한다는 사실을 은연중에 드러내는 경향이 있어. 너도 오늘 면접장에 올 때 라디오에서 들은 이야기를 자연스럽게 꺼내면 면접관들이 너의 발표 능력을 높이 살 거야. 예를 들면, '오늘 아침 오는 길에 라디오에서 무료로 독감 예방 접종을 해준다는 광고를 들었습니다. 200년 전만 해도 귀족들만 맞았던 것인데요. 저는 앞으로 100년 후에는 유전자 조작 기술의 발달로 무료로 신장 이식을 해준다는 광고가 나올지도 모르겠다고 생각했습니다. 그리고 저는 그런 상상을 실현할 수 있는 세계 최고의 생명과학자가 되고 싶다고 생각했습니다'라고 말이야."

딸은 내 말에 별다른 대꾸가 없었고 다시 침묵이 흘렀다. 어느새 자동차가 목적지에 다다랐고 긴장을 많이 한 탓에 딸은 차에서 내리자마자 화장실을 찾았다. 그리고 어느새 면접장으로 사라져버렸다.

1시간 가까이 면접을 마치고 나온 딸은 표정이 밝았다. 돌아오는 차 안에서 딸은 면접 과정을 세세하게 이야기해주었다. 질문은 의외로 무난했다. 중학교 수학·과학 내용에 기초한 일반적인 질문들이 많았고, 자소서의 진위 여부 확인을 위한 질문들이 대부분이었다. 그리고 마치 내 계책이 맞아떨어지기라도 한 듯 허점이 많았던 딸의 자소서 내용을 확인하느라 많은 시간이 할

애되었다고 한다. 면접 끝 무렵 마지막으로 하고 싶은 말이 있느냐는 면접관의 질문에 딸은 아침 라디오에서 들었던 무료 독감 예방 접종 이야기를 꺼냈고, 처음으로 면접관들이 자신의 말에 미소를 보여줬다며 좋아했다.

그러면서 딸은 처음으로 인천과학고에 붙고 싶다고 했다. 한 달 후에 있을 창의인성 면접을 열심히 준비해보고 싶다고 했다. 학원에 다녀보자던 내 제안을 늘 거절하던 아이가 이제는 스스로 학원을 다녀보고 싶다고도 했다. 나는 딸과 점심을 같이 먹으며 학원을 알아보기 시작했다. 회사 동료들에게 문자를 보내 인천과 부천에 있는 과학고 대비 학원들을 물어봤다. 그리고 그중 유명 학원이 있다는 부천으로 향했다.

하지만 부천에 있는 학원은 행정 구역상 경기도여서 경기북과학고에 특화된 수업만을 진행하고 있었고, 인천과학고 대비에는 부적합해 보였다. 우리는 차를 돌려 집 근처에 있는 대형 프랜차이즈 학원도 찾아갔다. 하지만 이 학원도 외부 학생을 위한 특별반을 운영하고 있지 않았다. 대신 학원 상담을 통해 요즘 과학고의 학생 선발 트렌드를 알 수 있어서 그나마 다행이었다.

예전과 달리 요즘 과학고들은 한쪽 분야에 특출한 아이가 아니라 전 과목을 두루 잘하는 기초가 튼튼한 아이를 뽑는 추세로 바뀌고 있다고 했다. 또 인천과학고는 특이하게 창의인성 면접에서도 인성 분야를 집중 질문하고, 문제 난도는 낮은 대신 창의성을 요하는 문제들이 자주 출제된다는 정보를 들을 수 있었다.

'어떻게 하면 딸의 창의성을 단번에 끌어올릴 수 있을까?' 역시 답은 책밖에는 없어 보였다. 나는 처형 댁에 들러 과학 잡지 10년 치를 빌려 왔다. 책의 절반가량이 초등학생을 대상으로 한 『어린이 과학동아』였다. 나는 딸에게 『어린이 과학동아』부터 읽게 했다. 그렇게 조카들이 10년에 걸쳐 쌓아온 과학 지식을 단 일주일 만에 딸의 머리에 쑤셔 넣었다. 둘째가 풀던 『초등수학 3% 올림피아드』(디딤돌) 1 과정과 2 과정 문제집도 풀게 했고, 초등학교 4·5학년이 보는 성균관대 수학경시대회 기출문제도 풀게 했다. 둘째가 2~3년 동안 성균관대 수학경시대회를 준비하면서 익혀왔던 창의적 수학 문제 풀이 방식을 단 일주일 만에 딸의 몸에 익히게 했다. 나는 이러한 방법이야말로 국제고(외고)를 목표로 공부했던 딸이 그간 과학고(영재학교)를 바라보며 달려왔던 아이들을 따라잡을 수 있는 유일한 방법이라고 생각했다.

드디어 최종 80명을 뽑는 시험에서 120명의 2차 합격자 명단이 발표되었다. 놀랍게도 합격자 명단에 딸의 이름이 올라와 있었다. 같이 시험을 본 학교 친구 두 명은 탈락했다는 안타까운 소식도 함께 들려왔다. 사실 두 학생은 인천대학교와 경인교대 과학영재원을 다니고 있었고, 이 중 한 명은 광주영재학교 우선 선발 대상자로 뽑힌 학생이어서 그 결과가 나에겐 다소 충격적이었다. 영어영재원을 다니던 아이가 과학영재원을 다니고 있던 아이들도 못 해낸 2차 합격을 이루어냈다는 사실이 신기하기도 했다.

하지만 이런 기분도 잠시. 앞으로 3일 후에 있을 창의인성 면접에 대한 공포심이 밀려왔다. 시쳇말로 맨땅에 헤딩한다는 심정으로 한 달 가까이 준비했지만, 정작 진짜 헤딩을 해야 하는 날이 코앞에 다가오니 나도 덜컥 겁이 났다. 나만 그런 게 아니었다. 딸도 겁을 집어먹은 표정이 역력했다. 그런 딸에게 공부를 다그칠 수가 없었다. 내가 딸에게 해줄 수 있는 건 용기를 주는 것뿐이었다.

"딸아, 나는 이제까지 너와 내가 커다란 파도에 맞서 꿋꿋하게 잘 버티고 여기까지 왔다고 생각해. 사교육의 힘을 빌릴 수도 있었지만, 우린 그렇게 하지 않았어. 지금보다 더 큰 파도가 밀려오면 우린 쓰러질지도 몰라. 하지만 아빠는 다시 일어나 또 다른 파도를 이겨내면 된다고 생각해. 우린 오로지 우리의 힘만으로 해왔잖아. 너는 분명 이전보다 더 튼튼한 다리와 더 강인한 인내심을 갖게 됐을 거야. 그거면 됐어. 파도를 이겨낼 때마다 희열을 느낄 줄 알고, 무너질 때마다 다시 일어날 수 있는 용기를 가질 수 있다면, 너는 앞으로 무엇이든지 해낼 수 있을 거야."

"
다시
제자리로
"

긴 여행이 끝났다. 딸이 중2 겨울방학 때부터 시작했으니까 거의 1년 가까운 시간이 흘렀다. 뭣 모르고 시작한 고등수학 선행을 집에서 아빠와 낑낑대며 헤쳐나갔고, 눈물을 흘리며 영재수학과 과학심화를 이어나갔다. 두 번의 자소서 작성과 한 번의 시험, 두 번의 면접을 거치며 딸은 많이도 성장했다. 그걸로 됐다. 비록 딸이 인천과학고에 최종 합격하진 못했지만, 이제 다시 제자리로 돌아와 원래 그랬던 것처럼 다시 인천국제고를 향해 가면 된다.

사실 딸과 나는 인천과학고 창의인성 면접을 마치고 온 다음 날부터 국제고 준비 모드에 돌입했다. 과학고에 떨어질 것 같은 예감이 있어서가 아니었다. 이 순간이 아니면 할 수 없는, 아주 소중한 기회라 여겼기 때문이다.

딸은 작성한 지 1년이 넘은 오래된 자소서를 꺼내 다시 고치기 시작했다. 1년 전만 해도 자소서에 쓸 내용이 없어서 글자 수 채우기에 급급했는데, 이제는 다 담기 어려운 지경까지 왔다. 영재학교와 과학고를 준비하면서 다져온 수학·과학 관련 콘텐츠들과 영어영재원을 다니며 경험했던 사회과학 분야 소논문 작성과 소설·시 창작, 토론 수업 내용 등등. 그 많은 내용들을 다 담으려다 보니 의미 전달에 필요 없는 미사여구나 조사는 빼야 했다. 문장은 자연스레 간결해졌고 활동 내용이 보다 선명하게 드러났다. 딸은 이미 자소서 작성에 달인이 된 듯 한두 시간 만에 자소서를 뚝딱 완성했다.

내가 해줄 거라곤 인터넷 카페 등을 뒤져 국제고와 외고, 자사고의 면접 기출문제들을 찾아주는 게 전부였다. 하지만 그것도 쉽지 않았다. 인터넷 강의 전문 업체는 프리미엄 회원들에게만 기출문제를 제공하고 있었는데, 수백만 원을 호가하는 비용을 지불하면서까지 보고 싶지는 않았다. 나는 발품을 팔아가며 (정확히는 손가락품이라고 해야 맞겠다) 인터넷 카페에 가입하고 기출문제들을 찾아다녔다. 아래 주소는 내가 도움을 받은 카페 목록이다.

- 상위 1% 카페(cafe.naver.com/mathall)
- 특목고 갈 사람 모여라(cafe.naver.com/goldschools)
- 이공계 톡톡(cafe.naver.com/kongdaitalk)
- 유준형 화학연구소(cafe.naver.com/junescienceschool)
- 이과 최상위권의 비밀(cafe.naver.com/forsciencehighschool)

인터넷에 돌아다니는 기출문제들을 하나씩 보고 있자니, 아직 중학교도 졸업하지 않은 어린아이들에게 이런 심오한 문제들을 물어보는 이유가 궁금해졌다. 어른들도 한 번도 고민해보지 않았을 사회 현상들을 던져주고, 정답이 없을 것 같은 다소 뜬금없는 질문들을 해대는 이유가 대체 뭘까?

수많은 질문들 속에서 내가 찾은 포인트 중 하나는, 질문의 복잡한 현상 안에서 나 자신과의 유사성을 찾아내어 내가 어떤 사람이고, 앞으로 어떻게 살아갈 것인가를 말해보라는 숨은 의도가 있다는 것이다. 나는 딸에게 "질문에 나와 있는 '현상'이 발생하는 원인을 분석해 너 자신과의 공통점을 찾아내고, 너의 경험담을 섞어 너 자신을 설명해보라"고 주문했다. 질문의 내용은 항상 바뀌었지만 내 주문은 항상 동일했다.

"

필통이 불러일으킨
나비 효과

"

딸은 영재학교와 과학고를 준비하는 동안에도 영어영재원을 빠지지 않고 꾸준히 다녔다. 시간이 지날수록 점점 이과 성향으로 바뀌어가는 딸을 보며 중도 포기하게 할까도 고민했지만, 영재학교와 과학고가 최종 목표는 아니었기에 그럴 수는 없었다. 딸은 어마어마한 분량의 영어영재원 숙제와 영재학교·과학고 대비를 위한 수학·과학 심화학습을 이어갔고, 학교 시험과 수행평가에 몸이 두 개라도 모자랄 판이었다.

그렇게 힘들게 버텨왔건만, 인천과학고 최종 면접에서 탈락한 딸은 마지막 영어영재원 수업만을 남겨놓고 갑자기 영어영재원을 포기하겠다고 선언했다. 최종 졸업 발표 준비가 버겁다는 게 이유였지만 속내는 달라 보였다.

딸은 더 이상 영어나 인문·사회 계열의 활동에 흥미를 느끼지 못하는 듯했다. 늘 인문 계열과 이공 계열 사이에서 갈팡질팡하더니 과학고를 준비하면서 완전히 이공 계열로 돌아선 듯했다. 딸의 마음이 움직인 데에는 학교 선생님들도 한몫했다. 어느 날은 학년 부장 선생님이 아내를 직접 불러 설득에 나서기까지 했다. 자소서를 첨삭해주고, 모의 면접을 진행하면서 딸의 능력을 높이 산 탓일까? 선생님들은 저마다 딸을 완전한 이공 계열 학생으로 보고 있었다.

아내와 나는 딸의 선택에 모든 것을 맡기기로 했고, 딸은 주저 없이 영어영재원을 포기하겠다고 했다. 그것은 곧 국제고를 포기한다는 선언으로 받아들여졌다. 그토록 오래 준비해왔는데, 갑자기 국제고를 안 가겠다니 참으로 혼란스러웠다.

어찌해야 할 바를 몰랐지만 우리는 뭐라도 해봐야겠다는 심정으로 일반고 입학설명회를 다니기 시작했다. 통학 거리는 좀 되지만 의대를 보낸 실적이 있을 만큼 명성 높은 일반고를 가보니, 나름대로 특목고 못지않은 열정과 패기를 느낄 수 있었다. 집에서 엎어지면 코 닿을 만한 거리에 있는, 하지만 SKY 대학을 단한 명도 보내본 적이 없는 소위 꼴통학교도 가봤다. 마치 전날 지진 대피 훈련이라도 받은 것처럼 난잡하고 엉망인 교실을 보면서 학생들의 자유분방함과 선생님들의 인내심을 엿볼 수 있었다.

심사숙고 끝에 딸은 집에서 가까운 꼴통학교를 가겠다고 했다. 딸은 자기가 그 학교 최초로 SKY 대학에 입학하는 학생이 되겠다면서 선생님들만 자신을 예뻐해준다면 다른 건 상관없다고 했다. 동네를 지날 때마다 짧은 교복 치마에 짙은 화장, 머리에 한껏 공을 들인 꼴통학교 학생들을 보면서 한심하다고 여겼었는데, 내 딸이 머지않아 그 학교를 다닐 거라 생각하니 가슴이 답답했다. 당장이라도 말리고 싶었지만 꾹 참고 딸의 뜻에 따르기로 했다. 그리고 그렇게 딸의 고교 선택은 마무리되는 듯했다.

그러던 찰나, 영어영재원 마지막 수업을 며칠 남겨놓고 변수가 하나 생겼다. 지난 수업 때 놓고 온 필통을 포기하느냐, 아니면 필통을 찾기 위해서 마지막 수업을 들어야 하느냐, 그것이 문제였다. 도시락이라도 들어갈 것 같은 크기에 삼각자부터 컴퍼스까지 없는 게 없는 그 필통을 딸은 무척이나 소중히 여겼다. 그리고 그 필통에 대한 사랑의 힘은 딸로 하여금 도저히 해낼 수 없을 것만 같았던 영재원 졸업 과제를 다시 꺼내 들게 했다. 이미 영재원을 그만두겠다고 선생님에게 카톡을 보내놓은 상태였지만, 다행히 선생님은 아직 그 글을 읽지 않았고 딸은 바로 메시지를 삭제했다. 결국 우여곡절 끝에 졸업 과제를 마칠 수 있었고 영어영재원도 무사히 졸업할 수 있었다.

딸은 졸업 발표 때 2년 동안 역경을 함께 견뎌온 친구들에게 감동적인 작별을 고했고, 아이들의 환호성을 받으며 연단을 내려왔다(사실 발표를 영어로 하는 바람에 나는 정확한 해석이 불가능했지만, 아이들의 우렁찬 박수 소리에 감동을 느낄 수 있었다). 그리고 그런 아이들의 환호성이 어떤 작용을 했는지, 딸은 갑자기 집에 돌아오는 길에 국제고에 지원하겠다고 마음을 바꿨다. 마치 날개를 펄럭이는 나비를 잡으러 가던 카멜레온을 원숭이가 낚아채다가, 흔들리는 야자수 열매가 땅에 떨어져 위태위태하던 바위를 굴려 잠자고 있던 화산을 깨우는 것처럼, 딸의 필통과 아이들의 환호성이 딸의 미래를 바꿔놓은 것만 같았다. 그리고 마치 나비 효과처럼, 딸은 인천국제고등학교에 최종 합격했다.

"

넘어지지 않고
달리는 법

_

"

몇 년 전 나에게 성균관대 수학경시대회를 처음 알려준 직장 동료와 얼마 전 식사를 같이한 적이 있다. 당시만 해도 초등학생이었는데, 벌써 중3이 된 평촌 0.1퍼센트 자녀의 이야기가 궁금했다. 나는 자리에 앉기가 무섭게 그 아이의 근황을 물었고, 밝지 않은 안색을 보며 내가 실수했다는 사실을 금세 알아차릴 수 있었다. 잠시 후 그분은 마치 모든 것을 통달한 듯한 어투로 내 물음에 답해주었다.

약 한 달 동안 유럽에 여행을 다녀온 후(당시 초등 6학년) 아이는 시차 적응에 힘들어했고, 사춘기 반항기가 겹치면서 결국 공부와 담을 쌓게 되었다고 했다. 그 후부터는 가족여행을 같이 갈 수 없을 만큼 상황이 악화됐고, 경찰을 부른 일까지 있었으며, 아이는 현재 기타학원을 다니며 연예기획사 오디션을 보기도 했다는, 길고도 험난했을 법한 이야기를 아주 짧게 말해주었다. 최근에는 그나마 많이 좋아져서 가족여행을 준비 중이라는 말에 나도 안도의 숨을 내쉴 수 있었다.

마치 얼마 전에 읽은 『엄마 반성문』(덴스토리)의 한 구절을 보는 것 같았다. 그 책에도 비슷한 이야기가 나온다. 강남의 명문고에서 전교 1·2등을 다투던 아들이 어느 날 갑자기 자퇴를 선언하고, 뒤이어 여동생까지 고등학교를 그만둔다는 내용이다. 『엄마 반성문』의 작가는 그 이유를 강압적으로 아이들을 공부시킨 엄마(자기 자신) 탓으로 돌렸다.

나에게도 비슷한 경험이 있다. 인천국제고에 막 합격한 딸에게 나는 예전보다 더 강압적인 방법으로 공부를 시켰다. 두려웠기 때문이다. 방학 중인 딸을 강제로 7시에 일어나게 하고 밤 12시 반에 재웠다. 아침 6시 반에 일어나 밤 12시 반에 잠이 드는 국제고 생활 패턴을 미리 몸에 적응시키려는 속셈이었다. 국어는 아침에 일어나서 1시간, 잠이 들기 전에 1시간 하고, 나머지 시간은 모두 수학 공부를 하게 했다. 가장 난도가 높다는 『블랙라벨』(진학사)의 수록 문제를 매일 100개씩 해답지를 보고 외우는 게 목표였다. 그리고 주말마다 수학 시험을 보기로 했다.

하지만 문제집이 너무 어려웠는지 전혀 진도가 나가지 않았다. 딸은 하루에 고작 20~30개밖에 보지 못했고, 해답지를 제대로 이해하는 문제는 단 하나도 없어 보였다. 딸의 태도도 문제였다. 아침마다 억지로 깨웠지만 내가 출근길을 나서는 순간까지 침대에서 일어나는 것을 보지 못했다. 퇴근하고 돌아올 때면 늘 쉬는 시간이라며 피아노를 쳐대고 있었다. 나는 그런 딸에게 매일같이 겁을 줬다.

"이딴 식으로 공부했다간 국제고에서 넌 바로 꼴등이야."

"이런 것도 모르고 무슨 용기로 과학고를 가려고 했어?"

"네가 지금 이렇게 퍼질러 있는 동안 다른 아이들은 학원에서 새벽 1시까지 공부하고 있어."

나는 딸의 나태한 자세를 바로잡기 위해 지난해 고1 과정 9월 전국연합학력평가 문제지를 건네며, 정답률이 80퍼센트를 통과하지 못하면 맥북과 최근 마련해준 스마트폰을 모두 뺏겠다고 으름장을 놓았다. 그러자 딸은 시험 보기를 거부했다. 아무런 대꾸나 반항 없이 그냥 제자리에 서서 버티고만 있었다. 반항기가 다시 발동한 것이다. 하기 싫거나 부당한 일을 당했다고 여겼을 때 자주 쓰는 반항 수법이다.

정말 이럴 때는 답이 없다. 딸이 버틸수록 나는 화가 더 나고, 나도 모르게 내 입에서는 이전보다 더 수위 높은 폭언들이 튀어나온다. 나는 화가 나는데, 딸의 아무런 동요 없는 표정이 나를 더 미치게 만든다. 그럴 때마다 마치 딸이 '그래, 너는 계속 떠들어라……'라고 말하는 것만 같다.

그날은 유독 화가 더 많이 났다. 딸이 국제고에서 꼴등을 할 것만 같은 두려움 때문이었다. 그리고 이를 만회하기 위한 시간이 얼마 남지 않았다는 조바심 때문이었다. 이런 두려움과 조바심은 내가 해서는 안 될 짓을 하게 만들었다.

화가 머리끝까지 치민 나는 수학 문제집을 갈기갈기 찢고 두 동강을 내어 딸의 얼굴에 던지고야 말았다. 딸의 안경이 날아가는 것을 보면서, 순간 나도 멈칫했다. 단지 찢어진 종이 쪼가리라서 던져도 괜찮을 줄 알았는데, 두 동강이 난 책 뭉치는 제법 위력을 발휘했다. 몇 년 전 딸에게 스마트폰을 던졌던 일이 주마등처럼 스쳐 지나갔다. 그때는 다행히 비껴갔었는데……, 정통으로 딸의 얼굴에 맞은 책 뭉치가 원망스러웠다.

자식에게 폭력을 쓴 아빠를 보는 아이들과 아내의 시선, 그리고 나 스스로의 죄책감과 원망이 섞여 상황은 더욱 악화돼갔다. 나는 이 상황을 모면하기 위해 자동차 키를 들고 집을 나섰다. 아내에겐 동해안으로 바람을 좀 쐬러 가겠다고 했다. 그 모습을 본 아들 녀석이 나에게 휴대전화를 가져다주었지만, 나는 뿌리치고 나와버렸다. 휴대전화라도 두고 가야 집에 더 빨리 들어올 수 있을 것 같아서였다(사실 집을 나설 당시에는 다시 돌아올 자신이 없었다).

어린 아들 녀석도 이런 상황을 짐작한 듯 아빠가 휴대전화를 들고 나가면 혼자 여행을 가는 거지만, 휴대전화를 놓고 가면 집을 나가는 거라고 외쳐댔다. 나는 아들 녀석의 외침을 무시하고 문을 거세게 닫았지만, 그 외침은 동해안을 가는 내내 내 마음속을 따라다녔다. 나는 그렇게 가출을 감행했고, 맹추위와 싸우며 내 생애 첫 일출을 보았다. 차 안에서 밤을 새워가며 칠흑같이 어두운 수평선 너머 떠오르는 초승달도 보았다.

'넘어지지 않고 달리게 하는 법', 과연 그 비결은 무엇일까?

나는 끊임없이 밀려오고, 끊임없이 부서지는 파도를 보며 생각에 잠겼다. 아이가 넘어지는 가장 빈번한 이유는 어쩌면, 아이가 달리는 속도보다 더 빠르게 부모가 뒤에서 아이 등을 밀고 있기 때문은 아닐까? 그리고 나는 이렇게 결론을 내렸다. 앞으로는 더 이상 아이들의 등을 밀치지 않겠다고…….

집으로 돌아온 나는 딸에게 용기를 내어 먼저 사과의 말을 꺼냈다.

"처음에는 내가 사준 책이기에, 내가 마음대로 찢어도 된다고 생각했어. 하지만 그 생각이 잘못됐다는 것을 바로 깨달았지. 마치 부모가 자식에게 생명을 불어넣어 줄 수는 있지만, 생명을 앗아갈 수 있는 권리는 없는 것처럼……. 네가 책장마다 남겨놓은 네 영혼의 흔적들을 하찮게 여기지 말았어야 했어. 미안하다."

이런 나를 아내가 용서하는 데에는 약 2주간의 시간이 필요했다. 그사이 나는 휴대전화에 게임들을 잔뜩 깔아놓고 휴대전화만 쳐다보며 살았다. 아내가 화해의 미소를 지을 때까지 그것밖에는 하고 싶은 일도, 할 수 있는 일도 없었다. 마치 삶의 목적을 다 잃어버린 노인네가 된 느낌이었다.

그렇게 상처가 서서히 아물고 웃음꽃이 하나둘씩 다시 피어날 때쯤, 딸은 인천국제고 적응 캠프에 들어갔다. 2박 3일 동안기숙사에서 잠도 자보고 급식을 먹어보면서 부모와 떨어지는 훈련도 하고, 앞으로 3년을 어떻게 생활해야 하는지 정신 수양도해보는 시간이었다. 적응 캠프를 마치고 돌아온 딸은 그제야 아빠의 말이 잘못됐거나 결코 과장된 것이 아니었음을 깨닫기라도한 것처럼 내가 예전에 지시했던 학습 방법을 다시 시작했고, 학습이 막힐 때마다 내게 다가와 방법을 물었다. 딸은 가족 모두가늦잠을 자는 주말에도 혼자 아침 일찍 일어나 국어 공부를 했고, 자기 스스로 세운 수학 학습 목표량을 꼬박꼬박 채워나갔다.

그렇게 서서히 모든 것들이 예전의 모습으로 돌아오고, 다시내가 딸에게 해줄 수 있는 일들이 점점 늘어나고 있었다. 하지만그때마다 나는 동해 바다에서 했던 맹세를 다시 기억하고자 노력했다. 예전에는 딸의 학습 방법을 내가 결정하고, 지시하고, 체크했지만, 이제 딸과 적당한 거리를 유지하면서 아이 스스로 학습 목표를 세우게 하고 딸에게 용기를 주는 일들만 하고자 했다. 마치 어미 새가 서툰 날갯짓을 하는 새끼를 보고 있는 것 같아 불안했지만, 더 이상 내가 날갯짓을 대신 할 수 없다는 것을 깨달았기에 꾹 참았다.

그렇게 애써 인내심을 발휘하고 있는 동안, 딸의 중학교 졸업식이 다가왔다. 꽃다발에 많은 돈을 쓰지 말라는 딸의 말에 초라한 조화를 들고 아내와 나는 학교를 찾아갔다. 각 교실에서 치러진 졸업식에서 부모님들께 상장을 드리는 순서가 있었다. 선생님이 호명하면 학부모들이 앞에 나와 상장을 받아 갔다. 선생님은 아이들이 직접 적은 문구를 일일이 낭독하면서 상장을 수여했다. 저마다 특색 있는 상장의 타이틀과 문구들이 감동적이었다. 아빠를 위한 상장은 단 한 개도 없었고, 대부분 상장은 어머니들이 받아 갔다. 그런데 특이하게도 딸이 만든 상의 수상자는 '어머니'가 아닌 '부모님'으로 되어 있었다.

'김민교 부모님'이라고 호명하는 선생님의 말에 아내는 내 등을 떠밀었고, 나는 얼떨결에 강단 앞에 서서 내 생애 최고의 상을 받게 되었다. 딸이 만든 상장의 이름은 '사려·격려상'이었다. 선생님은 다음과 같은 글을 읽어 내려갔다.

"사려·격려상. 위 사람은 지난 3년간 자녀를 위한 배려와 사려 깊은 행동으로 끊임없이 격려해주신 점이 타의 모범이 되었기에 이 상을 수여합니다. 딸 김민교 드림."

　분명 '사려'는 나를, '격려'는 아내를 지칭하는 단어 같았다. 그 동안 못난 아빠가 수없이 행했던 어리석은 행동들을 '사려 깊은 행동'으로 바라봐주는 딸이 고마웠다. 그리고 얼마 전 내가 딸에게 자행했던 몹쓸 짓에 대한 용서를 비로소 받은 듯했다. 순간 나도 모르게 눈시울이 붉어졌다. 자전거 뒤를 잡아주던 손이 떨어지는 순간의 느낌이었다. 그리고 넘어지지 않고 달리게 하는 법은 스스로의 의지로 달리게 하는 것뿐이라는 것을 비로소 깨달았다.

나부터
먼저 시작하기

—

인간관계는 한쪽 방향으로만 흐르는 일방적인 관계가 있을 수 없다. 내가 인내하면 상대방도 내 인내를 알아주고 함께 참아준다. 하지만 내가 화를 내면 상대방은 더 화를 내기 마련이다.

부모와 자식 간의 관계도 마찬가지다. 내가 자식에게 100점을 받아 오라고 강요하려면, 나도 어딘가에서 100점을 받아 와야 한다. 그게 쌍방관계다. 어딘가에서 100점을 받아 올 곳이 없다면, 적어도 아이 마음속에서 부모는 100점이어야 한다. 내 아이가 50점을 받아 왔다면, 나는 아이에게 50점짜리 부모인 것이다.

아이 마음속에서 100점짜리 부모가 되려면, 나부터 먼저 바꾸겠다는 마음가짐이 우선돼야 한다.

책을 쓰고 있는 나에게, 평범한 사람이 대체 왜 책을 쓰려 하는지 궁금해 물어보는 사람들이 많다. 내가 책을 쓰는 이유는 나부터 먼저 바꾸기 위함이고, 한창 사춘기에 접어든 딸의 마음을 열기 위해서다.

나는 이전에도 딸의 마음을 열려고 몇 번이고 문을 두드려봤지만, 딸은 그럴수록 마치 소라게처럼 제집으로 들어가 버리곤 했다. 답답했다. 어떻게 하면 딸의 마음을 열고 다가갈 수 있을까? 답이 쉽게 나오지 않자, 나는 거꾸로 생각해봤다. 누가 내 마음을 들여다보려 한다면 나는 어떻게 했을까? 나 또한 나를 감추고 뒷걸음쳤을 것 같다. 딸의 마음을 열려면 우선 내 마음을 먼저 보여줘야겠다는 생각이 들었다. 나는 내 마음을 보여주기 위한 방법으로 책을 한번 써보면 어떨까 생각했다.

하지만 실천할 용기가 쉽게 생기지 않았다. 나는 글을 잘 쓰는 위인이 못 되기 때문이다. 연애편지 한 장 제대로 써본 적 없고, 무식한 공대생 출신에다가, 독서도 별로 좋아하지 않았으니까.

그러던 어느 날, 직장 동료들과 자식 교육에 관한 대화를 나누다가 딸의 칭찬노트 이야기가 나왔다. 나는 그날도 딸애가 학교에서 칭찬을 받을 때마다 칭찬을 들은 이유와 내용 등을 자세히 적게 하고 있다며, 내 자녀 교육법을 자랑삼아 늘어놓고 있었다. 그러자 한 사람이 이렇게 말했다.

"당신은 자녀에게 기록의 중요성을 말하면서, 정작 본인은 왜 아무것도 기록하고 있지 않나요? 당신도 당신의 교육법을 글로 남겨보세요."

그 순간, 내가 딸에게 시켰던 것처럼 나도 내 이야기를 기록하고 실천하는 모습을 딸에게 보여줘야 한다는 사실을 깨달았다. 그리고 책이라는 형식을 빌려 내 마음을 딸에게 보여주겠다는 작은 용기를 냈다.

이 책의 프롤로그를 막 쓰고 나서, 딸의 눈에 잘 띄도록 한글 파일을 컴퓨터 바탕화면에 옮겨놓았다. 매일같이 무심한 듯 딸의 반응을 살폈다. 며칠째 딸은 파일을 보지 못했는지 아무런 말이 없었다.

그러던 어느 날, 드디어 딸이 말을 걸어왔다. 내 책의 프롤로그를 읽었다고 했다. 아빠가 글을 마치면 자기도 꼭 글을 쓰겠다는 말도 남겼다(당초 내 계획은 내가 한 챕터를 먼저 쓰면, 같은 주제로 딸아이가 자신의 글을 쓰는 거였다). 아빠가 생각했던 것들이 자기 생각과 어떻게 다른지를 보여주고 싶다고 했다.

내가 그토록 원하던 말이었다. 이제 나에게 이 책을 쓰는 이유가 더욱 분명해졌다. 작심삼일로 끝날 일이었지만 나는 벌써 이 책의 초고를 거의 완성했다. 요즘은 딸이 나에게 책을 어디까지 썼냐고 물어보기도 하고, 내 글을 스스로 찾아 읽곤 한다. 글을 읽고 난 딸의 반응은 늘 "아빠는 글을 너무 못 써"이지만 얼굴 표정은 밝다. 다시 딸과 나를 끌어당기는 자석이 서로의 마음속에 자리 잡은 듯하다.

다행히 딸은 이 책을 통해 한 발짝씩 내 마음을 알아가고 있는 듯하다. 내가 아이에게 다가가는 방법은 딸을 응원하는 아빠의 마음을 보여주는 것이고, 이 책이 그 역할을 잘해주고 있다.

독자 여러분도 나와 같은 어려움을 겪고 있다면, 아이(들)에게 마음을 먼저 보여주려는 노력부터 시작했으면 좋겠다. 마지막으로, 나처럼 질풍노도의 사춘기 딸을 둔 세상의 모든 아빠들을 진심으로 응원한다.

번외편

아빠는
아무것도 몰라

지금까지
아빠가 쓴 글은
모두 잘못됐다.

이제부터 내가
아빠의 정체를 밝힌다.

"
아빠의
정체
„

사실, 이 책을 읽어보면 아빠가 착한 사람이라고 생각할 수도 있 겠다. 그러나 우리 아빠는 공부를 가르치기에는 좋은 아빠가 아니다. 공부를 해야 하는 이유란 이유를 다 말하며, 아주 논리적으로 공부를 안 하면 안 좋게 된다고 항상 말한다. 그런 말은 스트레스가 되게 쌓이게 하는 말이다.

또 아빠는 변덕쟁이다. 어떨 때는 공부를 하라 했다가 어떨 때는 하지 말라 하고, 없는 생각을 있다고 우기기도 하고, 5분 만에 기분이 달라질 때도 있다. 이런 아빠가 어떻게 공부를 잘 시킬 수 있는지 궁금할 것이다. 그런데 아빠가 신경 쓰는 건 공부를 가르치는 방법이지, 어떻게 재미있게 가르치느냐가 아니다. 그래서 나를 포함해 누나는 공부를 그렇게 재미있게 하지는 않는다.

내가 예전에 아빠에게 협박하지 말라고 했더니, 아빠는 이제 협박 같은 협상을 하고 있다. 이처럼 우리 아빠는 공부 면에서 그렇게 좋은 아빠는 아니라는 걸 명심하길 바란다.

하지만 아빠에게는 공부를 잘하게 하는 방법이 있다. 그것은 바로 공부를 하면 보상을 해주는 것이다. 그러나 아빠는 보상을 주는 방법을 사용할 때마다 늘 말이 바뀐다. 처음에는 아주 크게 보상을 주겠다고 부풀려서 말하고는, 공부를 다 해서 보상을 줘야 할 때는 처음보다 작게 보상을 준다. 이 방법은 2~4년 동안 먹히는 방법이다. 독자들은 꼭 기억해두시길.

하지만 이 방법을 너무 많이 쓰면 부작용이 생긴다. 그 부작용은 바로 아이들이 다 알아버린다는 것이다. 그래서 앞에서 읽어본 것처럼 눈앞에서 바로 보상을 줘야 한다. 보상을 바로 눈앞에서 주지 않으면 공부를 아예 안 해버리는 불상사가 생긴다. 그러니 이 방법은 그렇게 오래 쓰지 말고 다른 방법을 쓰는 게 낫다. 다른 방법을 찾지 못하면 통장에서 돈이 너무 많이 빠져나가는 불상사가 생긴다.

아빠에게는 또 다른 공부 방법이 있다. 바로 해답지를 외우게 하는 것이다. 이 방법 하나만 있으면 모든 공부를 마스터할 수 있는 최고의 방법이지만 최고의 부작용이 있다. 바로 아이들이 싫어한다는 것이다. 해답지만 외우는 것은 엄청난 지루함이 몰려온다. 그래서 최고의 방법이지만 최고의 부작용 때문에 거의 이 방법을 못 쓴다. 그러나 우리 아빠는 이 방법을 잘 쓴다. 협박 때문에? 해답지 외우는 분량이 적기 때문에? 그것은 바로 다음 두 가지 이유를 합치는 것이다.

생각해보자. 부모는 아이가 공부를 잘했으면 하고, 아이는 공부를 재미있게 하고 싶어 한다. 자, 이 두 가지 방법을 섞어보면 부모와 아이의 조건이 다 맞는다. 아이가 해답지를 외워서 공부를 잘하게 될 것이니 부모의 조건에 맞고, 아이는 해답지를 외우는 것에 대한 보상이 있으니 공부를 재미있어할 것이므로 아이의 조건에도 맞는다. 그러니 이 위에 있는 방법을 합쳐서 공부를 하는 것이 최고의 방법이라고 볼 수 있는 것이다.

근데 아빠는 이 방법을 멍청하게 사용하고 있다. 방법의 비율을 5 대 5로 해야 되는데 아빠는 비율이 어떨 때는 2 대 8이거나, 어떨 때는 8 대 2 등 방법을 이상하게 쓰고 있다. 아빠는 똑똑해서 방법을 잘 못 쓸 사람이 아닌데 잘 못 쓰는 걸 보면 이 방법은 정말 똑똑한 사람이 아니면 쓰다가 오히려 안 좋게 될 수도 있다. 그러니 두 개의 방법을 합쳐서 쓰는 방법은 주의하면서 써야 한다.

"
엄마의
정체
"

앞에서 읽어본 것처럼 아빠는 공부를 가르치는 방법만 잘 알고 있다. 근데 아이가 공부를 잘하길 원한다면 부모 중 한 명은 좋은 사람이어야 하는데 아빠는 좋은 사람까지는 아니다. 그렇다면 엄마가 좋아야 할 것 아닌가. 그래서 이번에는 엄마에 대해 말할 것이다.

엄마는 눈물이 많고 성격이 착한 천사급이라고 할 수 있다. 한마디로 좋은 사람이라는 말이다. 어쩌면 아빠가 안 좋은 사람이니 엄마가 좋은 사람 역할을 하는지도 모른다. 그래서 엄마는 우리가 기분이 안 좋을 때 항상 우리 편을 들어준다. 아마 엄마조차도 우리에게 공부하라고 소리 지르고, 욕하고, 때리고 그러면 우리는 벌써 공부를 안 했을지도 모른다.

대부분 엄마들은 아빠와 아이가 싸울 때 아이의 편을 들어주고(아빠들은 슬플지도 모르지만), 항상 다독여주는 착한 사람 역할을 해야 한다. 엄마는 별로 하는 역할이 없다. 그냥 착한 사람만, 두 번째도 착한 사람만, 세 번째도 착한 사람만 하는 착한 우먼이어야 한다. 아무리 아이를 공부시켜도 아이의 화를 풀어주지 않으면 아이가 공부를 다 때려치울 수 있는 확률이 높기 때문에 착한 엄마가 매우 중요하다는 것이다.

아이들이
생각하는 학원

내 또래(초등 5학년) 친구들을 보면 거의 대부분 학원을 다닌다. 그러나 학원을 재미있어하는 친구들은 거의 없다. 비록 2개월밖에 안 다녔지만 나도 학원을 다녀본 적이 있다. 영재원을 준비하는 아이들은 모두 다닌다는 아주 유명한 학원이라서 수강생이 많았기 때문에, 그 친구들이 어떻게 학원을 생각하는지 잘 알 수 있었다.

학원을 다니는 친구들의 생각은 크게 세 가지로 나눌 수 있다. 첫째, 학원을 아주 재미있어하는 친구. 이런 친구들은 별로 없다. 내가 다녔던 학원에서 친구들이 100명이었다면 5명 정도밖에는 안 될 것 같다. 내가 여기에 속한다.

둘째, 그냥 재미있어하지도 않고 싫어하지도 않는 친구. 이런 친구는 100명 중에 한 25명 정도 되는 것 같다.

셋째, 학원을 다니기 싫어하는 친구. 엄마 때문에 어쩔 수 없이 다니는 친구이다. 이런 친구는 100명 중에 한 70명 정도 된다. 그리고 얼마나 학원을 재미있어하느냐에 따라 공부 실력이 얼마나 느는지가 결정되는 것 같다.

첫 번째 같은 경우, 아주 공부가 많이 는다. 나도 두 달 동안 실력이 많이 늘었다. 두 번째 같은 경우는 실력이 조금밖에 늘지 않는다. 이런 친구들은 마지못해 학원을 다니기 때문에 집중을 잘 못하기 때문이다. 세 번째 학생의 경우에는 실력이 거의 늘지 않는다. 왜냐면 이런 친구들은 수업 시간에 떠들고 분위기를 흐트러뜨리고 공부에는 아예 관심이 없기 때문이다. 이런 아이들은 돈 낭비만 하는 것이다.

"

지독한 공부
스트레스

"

나와 아주 친한 친구 중에서 엄청나게 학원을 많이 다니는 친구가 있는데, 좀 스트레스를 많이 받는 듯하다. 걸핏하면 새벽 1시에 자고, 학교 회의에다 음악회, 그리고 교회까지, 스케줄이 엄청 빡빡한 친구다.

근데 그 친구 엄마가 그 친구한테 이래라저래라 다 시킨다. 그래서 그런지 학교 끝나고 나랑 같이 집에 갈 때 욕을 좀 한다. 그리고 학교에서도 엄마 욕을 한다. 지금 같은 반인데, 2년 전에도 그 친구랑 같은 반이 된 적이 있었다. 근데 성격이 엄청 변했다. 2년 전에는 되게 모범생 같았는데, 지금은 약간 폭력적으로 변했다. 그리고 그 친구는 2년 전에는 지금의 나처럼 공부를 조금만 했는데, 현재는 우리 학년에서 가장 바쁜 친구가 되었다. 이걸 보면 공부 때문에 성격이 변했다는 것을 알 수 있다.

　우리 반에서 그 친구처럼 스트레스를 받는 친구가 또 있다. 학원에 대해 불평을 하거나, 짜증을 내는 친구가 많이 있다. 그러니까 공부는 지독한 스트레스를 준다는 말이다. 그러니 이제부터는 학원을 다니고 싶은 친구들만 다니게 하는 것이 어떨까?

거꾸로 교육법

발 행	1쇄 발행 2020년 11월 5일
지은이	김형섭
발행인	박운미
편집장	류현아
편집	김진희
디자인	[★]규
조판	박종건
교열	김화선
마케팅	김찬완
홍보	최승아
온라인 마케팅	유선사
펴낸 곳	㈜알피스페이스
출판등록	제2012-000067호(2012년 2월 22일)
주소	서울 강남구 영동대로 315, 비1층(대치동)
문의	02-2002-9880
블로그	the_denstory.blog.me

ISBN 979-11-91221-01-5 13590

값 15,000원

이 책은 저작권법에 의해 보호받는 저작물이므로 무단 전재와 무단 복제를 금지하며 이 책 내용의 전부 또는 일부를 인용하거나 발췌하려면 반드시 저작권자와 ㈜알피스페이스의 서면 동의를 받아야 합니다.

Denstory 는 ㈜알피스페이스의 출판 브랜드입니다. 파본이나 잘못된 책은 구입하신 곳에서 바꿔드립니다.

이 도서의 국립중앙도서관 출판예정도서목록(CIP)은 서지정보유통지원시스템 홈페이지(seoji.nl.go.kr)와 국가자료공동목록시스템(www.nl.go.kr/kolisnet)에서 이용하실 수 있습니다. (CIP제어번호 : CIP2020046501)